中等职业教育校企合作课改教材

信息技术应用基础

Xinxi Jishu Yingyong Jichu

主　编　钱　芬　黄渝川　梁国东
副主编　刘清太　王利君

高等教育出版社·北京

内容简介

本书依据教育部颁布的《中等职业学校计算机应用专业教学标准》及部分地区对口高职升学考试的相关要求,结合职业院校要求学生应掌握的信息技术基础知识与技能,参照"工作过程导向"模式组织编写。本书针对职业教育的特点,突出基础性、实用性、操作性和先进性,注重对学生创新能力、实践能力和自学能力等各种应用能力的培养。全书分为7个单元,每个单元分别由多个任务组成。本书主要内容包括:认识计算机、使用微型计算机、录入文字、认识操作系统、管理 Windows 资源、设置和维护操作系统、使用 Windows 附件,并针对每个单元提供了相应的总结和同步练习题。

通过本书封底所附学习卡,可登录网站 http://abook.hep.com.cn/sve 获取相关教学资源,详细说明见书末"郑重声明"页。

本书内容丰富、体例新颖、实用性强,既可作为职业院校计算机类专业信息技术应用基础课程教材,也可作为计算机培训、对口高职升学考试、高职院校单独招生考试、全国计算机等级考试学习教材,同时还可作为计算机爱好者学习计算机的参考书。

图书在版编目(CIP)数据

信息技术应用基础 / 钱芬,黄渝川,梁国东主编. -- 北京:高等教育出版社,2021.6(2022.6 重印)
ISBN 978-7-04-055985-9

Ⅰ.①信… Ⅱ.①钱… ②黄… ③梁… Ⅲ.①电子计算机 – 中等专业学校 – 教材 Ⅳ.① TP3

中国版本图书馆 CIP 数据核字(2021)第 061044 号

策划编辑	陈 莉	责任编辑	李宇峰	封面设计	张 志	版式设计	童 丹
插图绘制	于 博	责任校对	刘 莉	责任印制	刘思涵		

出版发行	高等教育出版社		网 址	http://www.hep.edu.cn
社 址	北京市西城区德外大街 4 号			http://www.hep.com.cn
邮政编码	100120		网上订购	http://www.hepmall.com.cn
印 刷	佳兴达印刷(天津)有限公司			http://www.hepmall.com
开 本	889mm×1194mm 1/16			http://www.hepmall.cn
印 张	13.25			
字 数	270 千字		版 次	2021 年 6 月第 1 版
购书热线	010-58581118		印 次	2022 年 6 月第 6 次印刷
咨询电话	400-810-0598		定 价	34.50 元

本书如有缺页、倒页、脱页等质量问题,请到所购图书销售部门联系调换
版权所有 侵权必究
物 料 号 55985-00

前　言

信息技术是现代人类社会和谐发展的强大推动力,人们日常工作、学习和生活处处都有信息技术的应用。信息技术理所当然地成为人们学习、工作、生活中的得力助手,掌握信息技术相关的知识与技能已不仅仅是学习一门课程,而是将其作为一种应用工具。

本书主要针对职业院校学生动手能力强的特点,结合他们的认知规律,以信息技术基础知识为出发点,以应用能力的培养为本位,注重理论和实践的结合,自始至终贯彻"做中学,做中教"的指导思想,将与信息技术相关的知识和技能融入不同的单元和任务中。

本书分为 7 个教学单元。单元 1 介绍计算机的基础知识,帮助学生了解计算机的发展历程、分类、系统组成及信息编码,提高学生信息技术理论素养;单元 2 介绍微型计算机组成、常用设备及基本设置,培养学生微型计算机的操作能力;单元 3 介绍文字录入的基本技巧,培养学生录入文字的基本能力;单元 4 介绍 Windows 操作系统的基本功能及简单操作,培养学生安装操作系统的基本能力;单元 5 介绍 Windows 操作系统的资源管理器、文件和文件夹的管理,培养学生应用 Windows 操作系统的能力;单元 6 介绍 Windows 操作系统的系统管理与维护,培养学生维护操作系统的能力;单元 7 介绍 Windows 操作系统常用附件,提高学生综合运用计算机操作系统的能力。

本书通俗易懂、结构合理、理论和实践并重,在编写过程中循序渐进地介绍了信息技术基础知识和技能,注重系统性和实用性,并在每个单元后都给出了综合实训和习题,有助于学生强化所学知识,更好地将理论知识转化为实践技能,提高学生的动手能力和应用能力。

本书总学时 108 学时,建议学时安排如下:

序号	课程内容	教学时数	
		讲授	实训
1	单元 1　认识计算机	4	2
2	单元 2　使用微型计算机	6	8

续表

序号	课程内容	教学时数	
		讲授	实训
3	单元 3 录入文字	4	8
4	单元 4 认识操作系统	4	10
5	单元 5 管理 Windows 资源	4	14
6	单元 6 设置和维护操作系统	6	16
7	单元 7 使用 Windows 附件	4	12
8	机动	6	
9	合计	38	70

本书由钱芬、黄渝川、梁国东担任主编并负责统稿。本书编写分工如下：单元 1（钱芬、文玫、李梁雅）、单元 2（黄渝川、刘清太）、单元 3（黄渝川、李瑞）、单元 4（梁国东、钟惺）、单元 5（陈湖）、单元 6（梁国东）、单元 7（王利君）。

本书在编写过程中得到了四川省商务学校、成都市工程职业技术学校、攀枝花市经贸旅游学校、成都现代职业技术学校、四川省南部县职业技术学校、什邡市职业中专学校等学校领导的大力支持，联想集团、中国电科太极计算机股份有限公司等企业的技术及设备支持，在此一并表示衷心感谢。

由于时间仓促，编者水平有限，且计算机技术发展日新月异，书中不妥之处在所难免，恳请广大读者批评指正，读者意见反馈邮箱：zz_dzyj@pub.hep.com.cn。

编　者

2020 年 12 月

目　录

单元 1
认识计算机

电子计算机,俗称"电脑",它是 20 世纪人类最伟大的发明之一。在人们今天的工作、学习、生活中,计算机都已经是不可或缺的角色。熟悉、掌握计算机基础知识和操作技能已经成为胜任本职工作、适应社会发展的必备条件。

学 习 要 点

(1) 了解计算机的发展历史;

(2) 了解计算机的特点、分类及应用领域;

(3) 理解计算机硬件系统的组成,了解计算机的工作原理;

(4) 理解计算机软件的概念和分类;

(5) 理解常用进制的表示方法,掌握二进制(B)、八进制(O)、十进制(D)、十六进制(H)整数之间的转换方法;

(6) 理解数据的存储单位及字符的编码方法;

(7) 理解计算机病毒的概念、基本特征、种类及防治;

(8) 了解多媒体技术的基本概念及应用;

(9) 了解平板电脑和触摸屏技术;

(10) 了解知识产权等相关法律法规。

<h1 style="text-align:center">工 作 情 景</h1>

新学期,小邱成为职业学校计算机应用专业的一名学生。信息技术方面的知识几乎空白的他,为了快速成长为具有专业水平的计算机高手,他加入了学校计算机工作室,跟随着工作室指导教师从零开始学习计算机基础知识。

任务1　走进计算机世界

任务情景

在指导教师的带领下,小邱和"计算机工作室"的伙伴们一起参观学校机房。指导教师一边带领他们参观,一边讲解,计算机是怎样发展起来的? 有什么特点? 有什么用途? 未来的计算机会是什么样的呢?

知识准备

计算机是一种能迅速而高效地自动完成信息处理的电子设备,能依照指令自动地对信息进行加工、处理和存储,是一种帮助人类从事脑力劳动的工具。

1. 计算机发展历程

世界上第一台计算机 ENIAC(埃尼阿克)于 1946 年在美国宾夕法尼亚大学诞生。至今,计算机经历了从电子管到集成电路的发展过程,可以分为四代,见表 1–1。

表 1–1　计算机的发展阶段

发展阶段	第一代	第二代	第三代	第四代
	(1946—1958 年)	(1959—1964 年)	(1965—1970 年)	(1971 年至今)
电子元件	电子管	晶体管	中小规模集成电路	大规模、超大规模集成电路
运算速度	几千至几万次 / 秒	几万至几十万次 / 秒	数百万至几千万次 / 秒	千万至几十亿次 / 秒
主要元件图例				

发展 阶段	第一代 (1946—1958 年)	第二代 (1959—1964 年)	第三代 (1965—1970 年)	第四代 (1971 年至今)
特点	庞大笨重、产生很多热量、容易损坏、存储设备比较落后	体积相对小、重量轻、发热少、耗电省、速度快、使用寿命长	出现了"芯片"、机种多样化、系列化、出现了键盘、显示器等外围设备，可连接通信设备组成计算机网络	计算机网络技术、多媒体技术、分布式处理技术发展迅速，微型计算机进入家庭，产品更新速度加快
应用范围	科学计算	科学计算、数据处理、自动控制	科学计算、数据处理、自动控制	网络、天气预报和多媒体、图像识别等

2. 计算机的特点

与其他工具相比，计算机具有以下特点：

① 运算速度快。计算机的运算部件采用高速电子器件，其运算速度远非其他计算工具所能比拟。现在普通的微型计算机每秒可执行几十万条指令，而巨型计算机则可达每秒几十亿次甚至几百亿次。随着科技发展，计算机的运算速度仍在提高。

② 计算精确度高。由于计算机内部独特的数值表示方法，使得其有效数字的位数相当长，可达百位以上甚至更高，满足了人们对精确计算的需要。

③ 存储容量大。计算机的存储器具有类似"记忆"的功能，它能够把原始数据、中间结果、计算结果、程序等信息存储起来以备随时调用。

④ 自动化程度高。计算机内部的操作运算是根据人们预先编制的程序自动控制执行的。只要把包含一连串指令的处理程序输入计算机，计算机便会依次读取指令，逐条执行，完成各种规定的操作，直到得出结果为止。

⑤ 具有逻辑判断功能。计算机的运算器除了能够完成基本的算术运算外，还具有进行比较、判断等逻辑运算的功能。这种能力是计算机处理逻辑推理问题的前提。

3. 计算机的分类

计算机的分类方法有很多，例如，按计算机的用途可分为通用计算机和专用计算机；按处理的对象可分为模拟计算机、数字计算机和混合计算机。通常按性能可分为五种，见表 1-2。

表 1-2　计算机按性能分类

分类	特点	主要应用
巨型计算机	运算速度快、内存容量巨大、效率高、价格高	军事、天文、仿真等领域
大中型计算机	相对巨型计算机而言，规模较小、结构较简单、价格较低	事务处理、信息处理、大型数据库和数据通信等领域
小型计算机	规模小、结构简单、价格低	医学、工业控制等领域
微型计算机	体积小、价格低、功能全	对运算速度要求不高，多用于生活领域
工作站	运算速度快、存储容量大	计算机辅助设计、高级图像处理、影视制作等领域

4. 计算机的应用领域

计算机的应用已经渗透到人类社会的各个方面,正在改变着传统的工作、学习和生活方式,见表 1–3。

表 1–3 计算机应用领域

应用领域	应用举例	图例
科学计算(数值计算)	高能物理、工程设计、地震预测、气象预报、航天技术等	
实时控制(过程控制)	数控机床、智能化仪器仪表等	
信息处理(数据处理)	企业管理、物资管理、报表统计、账目计算、信息情报检索等	
辅助技术	计算机辅助教学、设计、制造、测试等	
人工智能	计算机推理、智能学习系统、专家系统、机器人等	
网络应用	电子邮件、Web 网页浏览服务、网络游戏、网上银行、网上购物	

5. 计算机的未来发展

新一代的计算机将适应未来社会信息化的要求,朝着巨型化、微型化、网络化、多媒体和智能化的方向发展,出现了量子计算机、生物计算机、光计算机、纳米计算机等。随着计算机技术日新月异,人们的生产、生活将迎来更大的改变。

(1) 多媒体技术

多媒体技术是指通过计算机对文字、数据、图形、图像、动画以及声音等多种媒体信息进行综合处理和管理,使用户可以通过多种感官与计算机进行实时信息交互的技术,又称计算机多媒体技术。

多媒体计算机是当前计算机的主流,指能够对声音、图像、视频等多媒体信息进行综合处理的计算机。一般由四个部分构成:多媒体硬件平台(包括计算机硬件、声像等多种媒体的输入输出设备和装置)、多媒体操作系统(MPCOS)、图形用户接口(GUI)和支持多媒体数据开发的应用工具软件。

(2) 云计算

云计算是一种基于互联网的计算方式,通过这种方式,共享的资源和信息可以按需求提供给计算机和其他设备。"云"是互联网的形象说法。

(3) 虚拟现实与增强现实技术

虚拟现实与增强现实技术是一种将真实世界信息和虚拟世界信息"无缝"集成的新技术,是把原本在现实世界的一定时间和空间范围内很难体验到的实体信息(视觉信息、声音、味道、触觉等)通过计算机等科学技术,模拟仿真后再叠加,将虚拟的信息应用到真实世界,被人类感官所感知,从而达到超越现实的感官体验。

(4) 人工智能

人工智能是计算机科学的一个分支,它企图了解智能的实质,并生产出一种新的能以人类智能相似的方式做出反应的智能机器,该领域的研究包括机器人、语言识别、图像识别、自然语言处理和专家系统等。

6. 计算机在我国的发展

1956 年出台的《十二年科学技术发展规划》是新中国成立以来的第一个科技规划,把计算机列为发展科学技术的重点之一,并在 1957 年筹建了我国第一个计算技术研究所,以华罗庚为代表的科学家带领我国计算机技术走过了一段不平凡的历程。

(1) 第一代电子管计算机研制(1958—1964 年)

1957 年,哈尔滨工业大学研制成功我国第一台模拟式电子计算机。

1958 年,我国第一台小型电子管数字计算机 103 型通用电子数字计算机诞生。

1964 年,我国研制成功第一台大型通用数字电子管计算机 119 计算机。

(2) 第二代晶体管计算机研制(1965—1972 年)

1965 年,第一台大型晶体管计算机——109 乙机在中科院计算所诞生,两年后又推出 109 丙机,在我国"两弹"试验中发挥了重要作用,被誉为"功勋机"。

1970 年初,441B/Ⅲ型计算机问世,是我国 20 世纪 60 年代中期至 70 年代中期的主流系列机型之一,出色地完成了很多重大任务。

(3) 第三代中小规模集成电路计算机研制(1973—1984 年)

1977 年 4 月,清华大学、四机部六所、安徽无线电厂联合研制成功我国第一台微型机

DJS-050,从此揭开了中国微型计算机的发展历史。

1983年12月,第一台被命名为"银河"的亿次巨型电子计算机在国防科技大学诞生。它的研制成功填补了国内巨型计算机的空白,使我国成为世界上为数不多能研制巨型机的国家之一。

(4)第四代基于超大规模集成电路的计算机研制(20世纪80年代中期至今)

1985年6月,第一台具有字符发生器的汉字显示能力、具备完整中文信息处理能力的国产微型计算机——长城0520CH开发成功。由此我国微型计算机产业进入了一个飞速发展、空前繁荣的时期。

1997年,国防科大研制成功百亿次并行巨型计算机系统银河-Ⅲ,峰值性能为每秒130亿次浮点运算,系统综合技术达到20世纪90年代中期国际先进水平。

2000年,中科院计算所研制的曙光2000-Ⅱ超级服务器通过鉴定,其峰值计算速度达到1 100亿次,机群操作系统等技术进入国际领先行列。

2017年11月,中国超级计算机"神威·太湖之光"和"天河二号"第四次分列全球超级计算机500强冠亚军;中国上榜的超级计算机达到202台,总数为世界第一。

 **任务实施**

1. 根据所学知识,将计算机发展史填入表1-4中。

表1-4 计算机的发展史

发展阶段	主要电子元器件	代表产品	主要用途

2. 根据所学知识,并搜集相关资料,将我们生活中计算机的应用记录在表1-5中。

表1-5 生活中的计算机应用

应用领域	举例
科学计算	
实时控制	
信息处理	
计算机辅助设计与制造	
人工智能	
网络技术	
多媒体应用	

讨论与学习

1. 手机会不会代替微型计算机?
2. 根据计算机的发展趋势,想象一下未来你的"数字生活"。
3. 想一想,说一说,你将来准备从事计算机行业哪一方面的工作?

巩固与提高

1. 计算机能理解人类情感吗?
2. 计算机和计算器都是用于计算的电子产品,有什么区别?

任务 2　认识计算机系统

任务情景

学校机房新购进几台计算机,小邱协助指导教师组装计算机,并观摩指导教师安装了几款软件。在这个过程中,小邱了解了计算机系统的组成以及硬件、软件的相关知识。

知识准备

一个完整的计算机系统是由硬件系统和软件系统共同组成的,如图 1-1 所示。

硬件是计算机实际设备的总称,软件是指计算机运行所需的程序、数据有关资料。硬件和软件互相配合,计算机系统才能正常工作。

1. 计算机硬件系统

根据功能,可将计算机硬件系统划分为五大功能部件——运算器、控制器、存储器、输入设备和输出设备,如图 1-2 和图 1-3 所示。

① 运算器:是计算机进行信息处理的部件。

② 控制器:是整个计算机系统的控制中心,负责指挥、控制计算机各部件协调地工作。控制器与运算器合称为中央处理器(Central Processing Unit,CPU)是计算机的核心部件。

③ 存储器:是存储指令和数据的部件,分为内部存储器和外部存储器。

◇ 内部存储器也称主存储器,简称内存,是记忆或用来存放处理程序、代处理程序及运算结果的部件。

◇　外部存储器又称辅助存储器,简称外存,是内存的扩充。外存存储容量大,价格低,但存储速度相对较慢。外存只能与内存交换信息,不能被计算机系统的其他部件直接访问。常用的外存有硬盘、U 盘和光盘等。

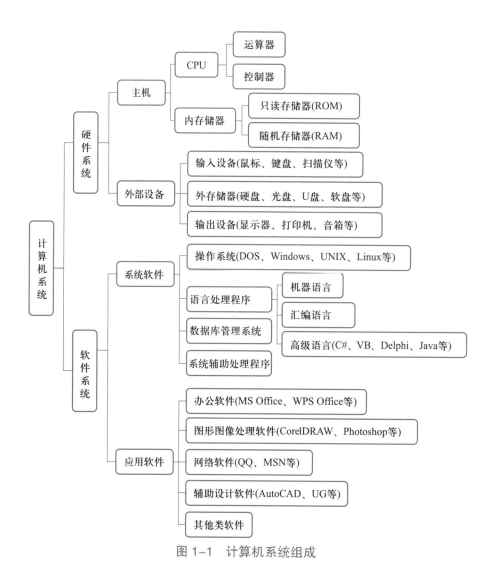

图 1-1　计算机系统组成

图 1-2　从外部看到的微型计算机硬件系统

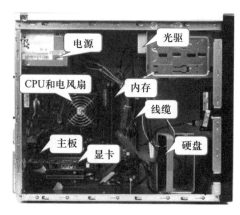

图 1-3　微型计算机主机内部结构

④ 输入设备：是人与计算机沟通的桥梁，它将不同的信息形式变换成计算机能接收并识别的信息形式。常见的输入设备有键盘、鼠标、扫描仪、数码摄像头和手写板等。

⑤ 输出设备：将计算机运算结果信息转换成人类或其他设备能接收和识别的形式，如字符、文字、图形、图像和声音等。常见的输出设备有：显示器、打印机和音箱等。

2. 计算机的工作原理

当计算机接收到用户输入的数据和程序，由控制器指挥，将数据从输入设备传送到主存储器（存储程序），再由控制器将需要参加运算的数据传送到运算器中进行计算（程序控制），计算的结果最终通过输出设备输出或者保存在存储器中。依此进行下去，直至遇到停止指令，如图 1-4 所示。

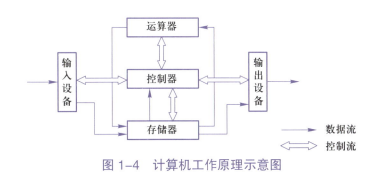

图 1-4 计算机工作原理示意图

3. 计算机软件系统

计算机软件系统分为系统软件和应用软件。系统软件是管理、监控、维护计算机资源（包括硬件）的软件，包括用于启动计算机、管理计算机软硬件资源的操作系统、语言处理程序等；应用软件是用户为了解决实际问题而编制的各种程序。

4. 计算机编程语言

计算机编程语言是人与计算机之间传递信息的媒介，它指计算机能够接受和处理的、具有一定语法规则的语言。计算机编程语言经历了机器语言、汇编语言和高级语言三个阶段。

机器语言也称机器码，编制的源程序是 0 和 1 组成的指令代码，能够被计算机直接理解和执行，被称为面向硬件的语言。

汇编语言也称符号语言，是一种用助记符代替机器码而面向机器的语言。用汇编语言编写的程序必须经过专门软件（汇编语言编译器）转换成机器指令才能送给计算机去执行。

高级语言是面向用户的语言，脱离了计算机硬件，更接近于自然语言和数学公式，通用性好，如 Java，Python，C# 等。高级语言设计的程序必须经过"翻译"以后才能被机器执行。

 提示

"翻译"分为解释和编译两种方式。解释是把源程序翻译一句，执行一句的过程，而编译是源程序翻译成机器指令形式的目标程序的过程，再用链接程序把目标程序链接成可执行程序后才能执行。

 任务实施

1. 观察微型计算机及其主要部件外观,填写表 1-6。

表 1-6   微型计算机系统部件名称及作用

名称	作用
主机	微型计算机系统的核心部分,包括 CPU、内存和硬盘等
	以文字或图像方式输出计算机的处理结果
	通过敲击按键输入信息
	光标定位或通过拖动等操作输入特殊信息
	输出纸质信息
	输出声音
	输入声音

2. 将下列硬件填入相应的框内。

键盘、鼠标、硬盘、U 盘、游戏手柄、打印机、扫描仪、音箱、摄像头、移动硬盘、中央处理器、显卡、麦克风、内存条、显示器、主板、手写板

主机部件	输入设备	输出设备

3. 说出下列图标是什么软件,作用是什么?

讨论与学习

1. 生活中有哪些输入设备、输出设备及外存储器?
2. 你知道有哪些常见的操作系统和计算机高级语言?

 巩固与提高

1. 硬件和软件的关系是怎样的?
2. 开源软件、共享软件、免费软件以及绿色软件的区别是什么?
3. 手机的常用操作系统和软件有哪些?

任务 3　计算机信息编码

信息是用文字、数字、符号、声音、图形和图像等方式表示和传递的数据、知识和消息。人类通过获得、识别自然界和社会的不同信息来区别不同事物,得以认识和改造世界。那计算机是怎样存储和表示信息的呢? 它借用什么样的信息编码实现信息处理呢?

 任务情景

小邱为了工作的需要,购买了一个 32 GB 的 U 盘,将其插上计算机复制资料时发现 U 盘容量显示只有 29.6 GB,与实际的 U 盘容量不符,怎么回事呢? 他请教了计算机工作室指导教师,又查阅了资料后,才知道这是由于不同的单位转换关系造成的。

知识准备

1. 进制

进制,即进位计数制。是利用固定的数字符号和统一的规则来计数的方法。即:"逢几进一"的问题。一般来说,一种进位计数制包含数码、基数、位权三个重要因素。日常生活中使用的数字通常是以十进制来进行计算的。另外,还有二进制、八进制和十六进制等。

➢ 数码:一种数制中表示基本数值大小的不同数字符号。例如,十进制有 10 个数码:0、1、2、3、4、5、6、7、8、9。

➢ 基数:一种数制所使用数码的个数。例如,二进制的基数为 2,十进制的基数为 10。

➢ 位权:一种数制中某一位上的 1 表示数值的大小。例如,十进制的 123,1 的位权是

100,2 的位权是 10,3 的位权是 1。

(1) 十进制(decimal notation)

- 有 10 个数码:0、1、2、3、4、5、6、7、8、9。
- 基数:10。
- 位权(从低到高):10^0、10^1、10^2、10^3、…
- 逢十进一(加法运算),借一当十(减法运算)。

对于任意一个 n 位整数和 m 位小数的十进制数 D,均可按权展开为

$$D=D_{n-1}\times 10^{n-1}+D_{n-2}\times 10^{n-2}+\cdots+D_1\times 10^1+D_0\times 10^0+D_{-1}\times 10^{-1}+\cdots+D_{-m}\times 10^{-m}$$

(2) 二进制(binary notation)

- 有两个数码:0、1。
- 基数:2。
- 位权(从低到高):2^0、2^1、2^2、2^3、…
- 逢二进一(加法运算);借一当二(减法运算)。

对于任意一个 n 位整数和 m 位小数的二进制数 B,均可按权展开为

$$B=B_{n-1}\times 2^{n-1}+B_{n-2}\times 2^{n-2}+\cdots+B_1\times 2^1+B_0\times 2^0+B_{-1}\times 2^{-1}+\cdots+B_{-m}\times 2^{-m}$$

(3) 八进制(octal notation)

- 有 8 个数码:0、1、2、3、4、5、6、7。
- 基数:8。
- 逢八进一(加法运算),借一当八(减法运算)。

对于任意一个 n 位整数和 m 位小数的八进制数 O,均可按权展开为

$$O=O_{n-1}\times 8^{n-1}+\cdots+O_1\times 8^1+O_0\times 8^0+O_{-1}\times 8^{-1}+\cdots+O_{-m}\times 8^{-m}$$

(4) 十六进制(hexadecimal notation)

- 有 16 个数码:0、1、2、3、4、5、6、7、8、9、A、B、C、D、E、F。
- 基数:16。
- 逢十六进一(加法运算),借一当十六(减法运算)。

对于任意一个 n 位整数和 m 位小数的十六进制数 H,均可按权展开为

$$H=H_{n-1}\times 16^{n-1}+\cdots+H_1\times 16^1+H_0\times 16^0+H_{-1}\times 16^{-1}+\cdots+H_{-m}\times 16^{-m}$$

2. 存储单位

计算机中信息存储的单位通常包括:

(1) 位(bit)

即二进制位(b),每位代表一个"0"或"1"的信息,是信息存储中最小单位。

(2) 字节(Byte)

字节(B)是信息存储最基本的单位。8 位二进制数为一个字节。还有千字节(KB)、兆

（百万）字节（MB）、吉（十亿）字节（GB）、TB（太字节）。其换算关系如下：

1 B=8 b

1 KB=1 024 B

1 MB=1 024 KB=1 024^2 B

1 GB=1 024 MB=1 024^2 KB=1 024^3 B

1 TB=1 024 GB=1 024^2 MB=1 024^3 KB=1 024^4 B

存储 1 个阿拉伯数字或 1 个英文字母通常占一个字节的存储空间，存储一个汉字通常需要占用 2 个字节的存储空间。

（3）字（Word）

在计算机中作为一个整体被存取、传送、处理的二进制数串称为一个"字"或单元，每个字中二进制位数的长度，称为字长。

字长是 CPU 一次处理数据的二进制位数，衡量计算机性能的重要指标。字长越长，存放数的范围越大，精度越高。常见的有 8 位、16 位、32 位、64 位等。

3. 信息编码

计算机中的所有信息都用二进制来表示。

（1）ASCII 码

ASCII，即美国信息互换标准代码，是一种单字节字符的编码方案，用于基于文本的数据。标准 ASCII，使用 7 位二进制数来表示所有的大写和小写字母，数字 0~9、标点符号，以及在美式英语中使用的特殊控制字符，见表 1–7。后 128 个称为扩展 ASCII，它允许将每个字符的第 8 位用于确定附加的 128 个特殊符号字符、外来语字母和图形符号。

一般来说，ASCII 值的大小规则为：0~9<A~Z<a~z。

（2）中文编码

国标码（GB 2312—1980）是由中国国家标准总局颁布的"信息交换用汉字编码字符集"，用于不同的具有汉字处理功能的计算机系统间交换汉字信息时使用的编码，是国内所有汉字系统的统一标准。GB 2312 国标码共收录常用汉字 6 763 个和非汉字图形字符 682 个，其中一级汉字 3 755 个，二级汉字 3 008 个。

汉字从输入到显示或打印需要外码、机内码、字形码三种不同的编码。

外码即汉字输入法，是指将汉字输入电子信息设备（如计算机、手机）而采用的编码方法。机内码是供计算机系统内部进行存储、加工处理、传输所使用的编码。字形码是汉字的输出码，输出汉字时都采用图形方式。通常用 16×16 点阵来显示汉字，即 16×16 点阵的字要使用 32 个字节（16×16/8=32）存储。

表 1-7 标准 ASCII 字符代码表

ASCII 值	控制字符	ASCII 值	控制字符	ASCII 值	控制字符	ASCII 值	控制字符
0	NUL	32	（space）	64	@	96	、
1	SOH	33	!	65	A	97	a
2	STX	34	"	66	B	98	b
3	ETX	35	#	67	C	99	c
4	EOT	36	$	68	D	100	d
5	ENQ	37	%	69	E	101	e
6	ACK	38	&	70	F	102	f
7	BEL	39	,	71	G	103	g
8	BS	40	(	72	H	104	h
9	HT	41	)	73	I	105	i
10	LF	42	*	74	J	106	j
11	VT	43	+	75	K	107	k
12	FF	44	,	76	L	108	l
13	CR	45	–	77	M	109	m
14	SO	46	.	78	N	110	n
15	SI	47	/	79	O	111	o
16	DLE	48	0	80	P	112	p
17	DC1	49	1	81	Q	113	q
18	DC2	50	2	82	R	114	r
19	DC3	51	3	83	S	115	s
20	DC4	52	4	84	T	116	t
21	NAK	53	5	85	U	117	u
22	SYN	54	6	86	V	118	v
23	TB	55	7	87	W	119	w
24	CAN	56	8	88	X	120	x
25	EM	57	9	89	Y	121	y
26	SUB	58	:	90	Z	122	z
27	ESC	59	;	91	〔	123	{
28	FS	60	<	92	\	124		
29	GS	61	=	93	〕	125	}
30	RS	62	>	94	ˆ	126	~
31	US	63	?	95	—	127	DEL

表 1-7 标准 ASCII 字符代码表

提示

➤ 机内码是汉字最基本的编码,不管是什么汉字系统和汉字输入方法,输入的汉字外码到机器内部都要转换成机内码,才能被存储和进行各种处理。

➤ 区位码是一个四位的十进制数,每个国标码和区位码都对应着一个唯一的汉字或符号。

国标码 = 区位码(十六进制)+2020H

机内码 = 国际码 +8080H

➤ Unicode 码是由 Unicode 学术学会制定的字符编码系统,旨在支持多种语言书面文本的交换、处理和显示。

任务实施

1. 二、十进制数之间的转换

(1) 将二进制数转换成十进制数

方法:"按权相加" 法,把二进制数首先写成加权系数展开式,然后按十进制加法规则求和。

例如:$(11101.1)_2 = 1 \times 2^4 + 1 \times 2^3 + 1 \times 2^2 + 0 \times 2^1 + 1 \times 2^0 + 1 \times 2^{-1} = (29.5)_{10}$

(2) 将十进制数转换成二进制数

方法: 整数部分(图 1-5):"除 2 取余,逆序排列" 法。小数部分(图 1-6):"乘 2 取整,正序排列" 法。

例如:$(77.25)_{10} = (1001101.01)_2$

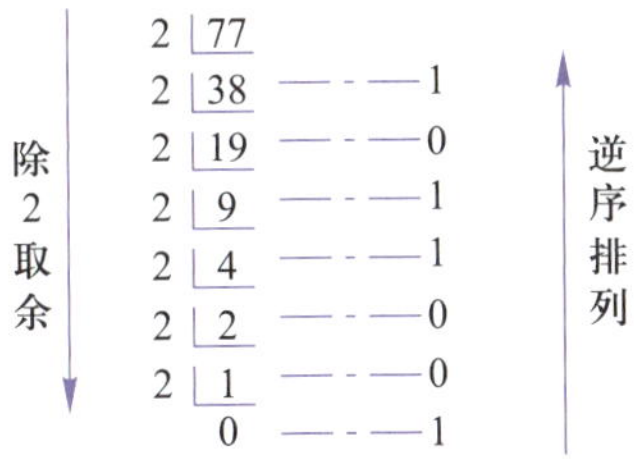

```
        2 ⌊77
        2 ⌊38 ----- 1
除      2 ⌊19 ----- 0       逆
2       2 ⌊9  ----- 1       序
取      2 ⌊4  ----- 1       排
余      2 ⌊2  ----- 0       列
        2 ⌊1  ----- 0
          0  ----- 1
```

```
              0.25
乘       ×       2
2            0.50 --- 0       正
取       ×       2            序
整                            排
             1.00 --- 1       列
```

图 1-5　整数部分计算方法 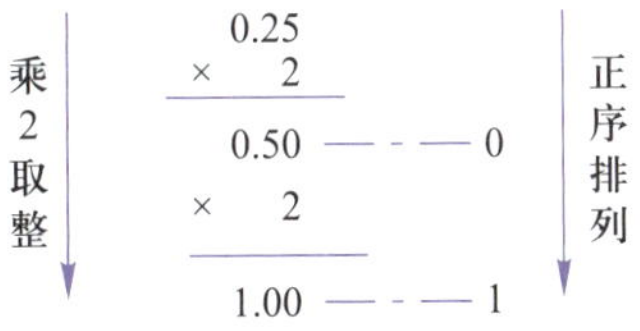　　　　图 1-6　小数部分计算方法

2. 根据所学数制知识,完成表 1-8

表 1-8　进制基本特点

R 进制	数码	进位法则	基数	位权
十进制				
二进制				
八进制				
十六进制				

3. 根据图 1-7 信息，填写表 1-9

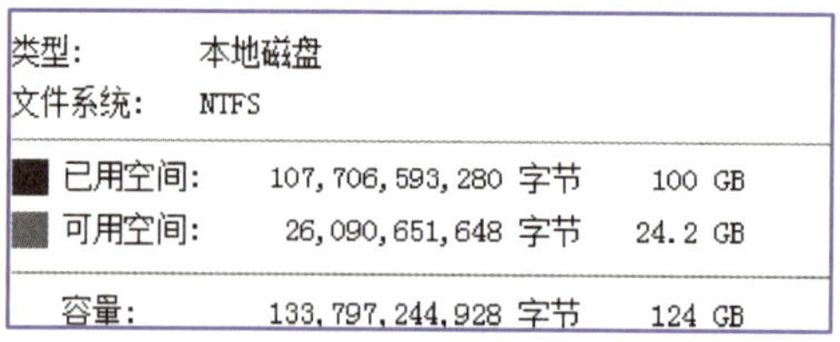

类型：	本地磁盘		
文件系统：	NTFS		
■ 已用空间：	107,706,593,280 字节	100 GB	
■ 可用空间：	26,090,651,648 字节	24.2 GB	
容量：	133,797,244,928 字节	124 GB	

图 1-7　磁盘容量

表 1-9　填写磁盘容量表

内容	代表含义	容量大小	单位
■			
■			
总容量			

4. 将自己手机存储容量相关信息填入表 1-10

表 1-10　手机存储容量信息表

名称	容量大小
运行内存容量	
总容量	
已使用容量	
剩余容量	
图片占用容量	
视频占用容量	

技能拓展

1. 二、八、十、十六进制基数对照表，见表 1-11

表 1-11　二、八、十、十六进制基数对照表

十进制	二进制	八进制	十六进制	十进制	二进制	八进制	十六进制
0	0	0	0	8	1000	10	8
1	1	1	1	9	1001	11	9
2	10	2	2	10	1010	12	A
3	11	3	3	11	1011	13	B
4	100	4	4	12	1100	14	C
5	101	5	5	13	1101	15	D
6	110	6	6	14	1110	16	E
7	111	7	7	15	1111	17	F

2. 二、八、十六进制的相互转换

每位八进制数相当于 3 位二进制数,每位十六进制数相当于 4 位二进制数。

在转换时,以小数点为界向左右两边延伸,中间的 0 不能省略,两头不够时可以补 0。

例如,二进制数$(101101.101)_B$转换成八进制数和十六进制数,如图 1-8 所示。

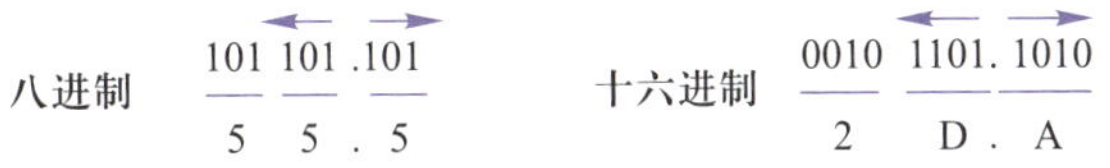

$$(101101.101)_B=(55.5)_O=(1C.A)_H$$

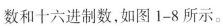

图 1-8　进制的转换

讨论与学习

1. 为什么计算机采用二进制而不是八进制或者十六进制?

2. 1 GB 流量和 1 GB 容量有什么不同?

3. 计算机为什么能区别汉字字符和英文字符?

巩固与提高

1. R 进制数转换成十进制数有什么共同规律? 十进制数转换成 R 进制数有什么法则?

2. U 盘上有 500 B 的剩余空间,最多可以存储英文字符多少个? 中文字符多少个?

提 示

生产厂家对 U 盘容量计算采用 1 000 进制,U 盘实际容量总少于厂家标的容量。

3. 利用两种方法(间接法和直接法)实现十进制数(D)与八进制数(O)、十六进制数(H)的互转?

(1) $(8)_D$=(　　　　　)$_O$=(　　　　　)$_H$

(2) $(10)_D$=(　　　　)$_O$=(　　　　)$_H$

(3) $(150)_D$=(　　　　)$_B$=(　　　　)$_O$=(　　　　)$_H$

(4) $(16)_H$=(　　　　)$_O$=(　　　　)$_D$

(5) $(16)_O$=(　　　　)$_D$=(　　　　)$_H$

任务 4　认识信息安全与知识产权

随着互联网的不断发展,计算机系统中有价值的信息越来越多,信息安全问题也随之凸显。越来越多的信息泄露、信息窃取、数据篡改及计算机病毒感染等问题困扰着我们的工作、

学习和生活。从信息安全和知识产权保护的角度来看,从哪些方面入手,采取怎样的措施和策略才能筑起计算机的安全防护盾牌呢?

 任务情景

　　小邱使用计算机浏览网页时不小心中了计算机病毒,导致计算机无法使用。在朋友的帮助下,他重装了操作系统。没想到他使用计算机时,每隔一段时间就要弹出"Windows 副本未通过正版验证,你可能是盗版软件的受害者"的信息,让他苦恼不已。小邱求助指导教师,才明白所有软件产品都是有知识产权的,我们应自觉使用正版软件,抵制盗版,以保证信息安全。

知识准备

1. 信息安全

　　计算机的安全问题,包括计算机的硬件、软件和数据不因偶然的或恶意的原因而遭到破坏、更改、显露。而造成计算机中存储数据丢失的主要原因有:病毒入侵、人为窃取、计算机电磁辐射和计算机存储器硬件损坏,等等。

　　为保障信息安全,我们采取的主要技术如下。

　　(1) 防火墙技术

　　防火墙是建立在内外网络边界上的过滤机制,内部网络被认为是安全和可信赖的,而外部网络被认为是不安全和不可信赖的。防火墙可以监控进出网络的流量,仅让安全、核准的信息进入,同时抵制对内部网络构成威胁的数据。

　　(2) 数据加密技术

　　数据加密的目的是保护数据、文件、密码和控制信息,主要分为数据存储加密和数据传输加密。加密是一种主动安全防御策略,用很小的代价即可为信息提供相当大的安全保护,是一种限制网络上传输数据访问权的技术。

　　(3) 身份认证技术

　　身份认证是系统核查用户真实身份的过程,其实质是查明用户是否具有它所请求资源的使用权。身份认证至少应包括验证协议和授权协议。当前身份认证技术除传统的静态密码认证技术以外,还有动态密码认证技术、IC 卡技术、数字证书技术、指纹识别认证技术等。

　　(4) 入侵检测技术

　　入侵检测系统是一种对网络活动进行实时监测的专用系统。该系统处于防火墙之后,可以和防火墙及路由器配合工作,来检查一个局域网网段上的所有通信,记录和禁止网络活动,可以通过重新配置来禁止从防火墙外部进入的恶意活动。入侵检测系统能够对网络上的信息进行快速分析或在主机上对用户进行审计分析,并通过集中控制台来管理、检测。

保障信息安全,除了使用先进的安全防控技术外,我们还应不断增强自己的信息安全意识。日常操作时,我们应注意以下问题:

① 安装反病毒软件和防火墙,并开启反病毒软件的实时监控功能。

② 提高自身防范意识,一旦发现反常现象,应注意及时查找原因。

③ 不使用盗版软件。计算机软件是享有著作权保护的知识产品,受法律保护。使用盗版软件不仅违法,还有可能被软件里的特殊程序攻击,造成系统崩溃或信息泄露。

④ 不随意下载文件。Internet 上提供了很多免费资源供用户下载,但有些资源包含恶意程序,下载完成之后,随着软件的安装,会造成不可挽回的损失。

⑤ 不打开来路不明的文件和邮件。聊天工具的盛行,为计算机病毒的传播带来一个新的途径。许多病毒还会选择通过电子邮件进行传播,病毒文件附着在邮件附件中,一旦打开附件,病毒便入侵到系统中,潜伏下来伺机而动。

⑥ 及时为系统升级,更新补丁程序,同时将应用软件升级到最新版本。

⑦ 为了保护工作信息安全和个人隐私,离开自己的计算机前记得锁定屏幕。

2. 计算机病毒

计算机病毒是指"编制或者在计算机程序中插入的破坏计算机功能或者破坏数据,影响计算机使用并且能够自我复制的一组计算机指令或者程序代码"。

与生物病毒一样,计算机病毒具有传染性和破坏性。但与之不同的是,它只在计算机之间传播,不会传染给操作人员;而且,它不是天然存在或自然产生的,而是一种人为编制的特殊程序。

计算机中病毒后,往往会给用户带来一些不必要的损失,如影响计算机的运行速度、死机、破坏软硬件设备等。因此,我们必须树立计算机信息系统安全意识,在使用计算机的过程中,若发现存在有病毒或是计算机工作异常时,应该及时中断网络,立即进行病毒查杀工作。

3. 知识产权

知识产权是智力成果的创造人依法享有的权利和生产经营活动中标记所有人依法享有的权利的总称。通常是国家赋予创造者对其智力成果在一定时期内享有的专有权或独占权。各种智力创造如发明、外观设计、文学和艺术作品,以及在商业中使用的标志、名称、图像,都可以被认为是某一个人或组织所拥有的知识产权。它与房屋、汽车等有形财产一样,都受到国家法律的保护,都具有价值和使用价值。

知识产权包括著作权、专利权、商标权、发现权、发明权和其他科技成果权。我国知识产权的民法保护制度也确定了知识产权犯罪的有关内容,形成了中国知识产权的刑法保护制度。与知识产权相关的法律法规有:《中华人民共和国商标法》《中华人民共和国专利法》《中华人民共和国著作权法》《中华人民共和国反不正当竞争法》《发明奖励条例》和《关于禁止侵犯商业秘密行为的若干规定》等。

　　我们肩负着创造和保护知识产权的神圣使命,希望大家能从身边的小事做起,尊重知识、勇于创新,保护知识产权,自觉遵守知识产权法律法规的相关规定,尊重别人的劳动成果,努力争当一名保护知识产权的践行者。同时,还应争做一名保护知识产权的宣传者,积极参与宣传保护知识产权的社会活动,积极倡导以"尊重知识产权　促进创新发展"为核心的知识产权文化,共同营造尊重劳动、尊重知识、尊重人才、尊重创造的良好社会氛围。

 任务实施

1. 根据所学知识,请在课后进行相关调研,将调查结果填入表 1-12

表 1-12　信息安全问题调研表

调查问题	调查结果
你是怎样设置各种账号密码的?	
你的朋友或家人保存各种账号密码有哪些方式?你认为哪种最安全?	
你的学校有哪些信息安全管理制度?	
你身边有人遇到过信息泄露的麻烦吗?信息泄露会产生哪些后果?	
你认为个人信息泄露问题越来越严重的原因是什么?	
请对自己的信息安全意识做一个简单评价。	

2. 根据所学知识,查阅相关资料,填写表 1-13

表 1-13　计算机病毒简介

要素	内容
计算机病毒的定义	
计算机病毒的特征	
计算机病毒的危害	

3. 根据所学知识,查阅相关资料,填写表 1-14

表 1-14　知识产权概述

要素	内容
知识产权的定义	
知识产权的主要特点	
常见网络侵权行为	
我国的知识产权战略内容	

讨论与学习

1. 我们怎样做才能减少或避免计算机病毒的破坏？

2. 什么是正版软件和盗版软件？使用盗版软件对计算机系统有哪些危害？

3. 软件产品的著作权人享受哪些权利？

4. 日常的工作学习中"防毒"和"杀毒"哪个更重要？

巩固与提高

1. 什么是信息安全？

2. 维护信息系统安全的一般措施有哪些？

3. 什么是计算机病毒？

4. 知识产权主要包含哪些内容？试列举与知识产权相关的法律法规。

单 元 小 结

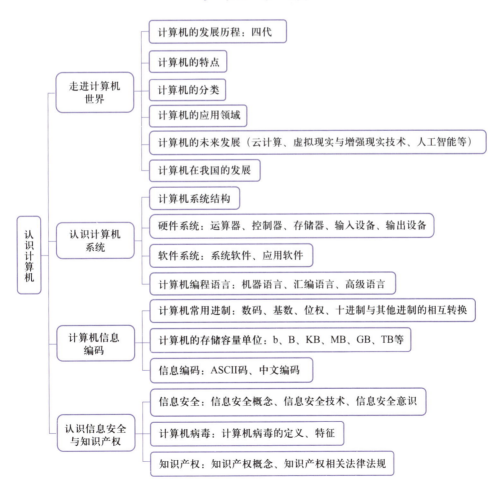

习题 1

一、填空题

1. 现代计算机的发展经历了电子管计算机时代、_____计算机时代、中小规模集成电路计算机时代和_____计算机时代。

2. 计算机系统由_____和_____两大部分组成。前者是计算机的物质基础,后者是在前者基础上发挥和扩大计算机功能的程序,两者相辅相成,缺一不可。

3. 计算机硬件系统由_____、_____、_____、_____和_____五大部分组成的。

4. 十进制数$(67.125)_D$转换成十六进制数的结果为_____,转换为二进制是_____。

5. 英文小写字母 c 的 ASCII 值为 99,英文大写字母 G 的 ASCII 值为_____。

二、单项选择题

1. 世界上第一台计算机是 1946 年在美国研制成功的,其英文缩写名为(　　)。
   A. EDSAC　　　　　B. ENIAC　　　　　C. EDVAC　　　　　D. UNIVAC-I

2. 计算机的软件可以分为(　　)和应用软件两大类,这些软件都是用某种计算机语言编写的,可以完成某种特定功能的程序。
   A. 工具软件　　　　B. 系统软件　　　　C. 驱动程序　　　　D. 操作系统

3. U 盘上标准的 128 GB 指的是(　　)。
   A. 硬盘容量　　　　B. 存储容量　　　　C. 微处理器型号　　D. 主频

4. 不属于计算机输入设备的是(　　)。
   A. 票据打印机　　　B. 扫描仪　　　　　C. 鼠标　　　　　　D. 打卡机

5. 计算机硬件的核心部件是(　　)。
   A. 中央处理器　　　B. 存储器　　　　　C. 运算器　　　　　D. 控制器

6. 用计算机管理科技情报资料,是计算机在(　　)方面的应用。
   A. 科学计算　　　　B. 信息处理　　　　C. 过程控制　　　　D. 人工智能

7. 微型计算机中,主机主要包括以下(　　)之外的设备。
   A. 显示器　　　　　B. 显卡　　　　　　C. CPU　　　　　　D. 声卡

8. 某单位的财务管理软件属于(　　)。
   A. 工具软件　　　　B. 系统软件　　　　C. 编辑软件　　　　D. 应用软件

9. "Windows XP",从软件归类来看,应属于(　　)。
   A. 应用软件　　　　B. 工具软件　　　　C. 系统软件　　　　D. 编辑系统

10. 个人计算机属于(　　)。
    A. 小巨型计算机　　B. 中型计算机　　　C. 小型计算机　　　D. 微型计算机

11. 面向硬件的语言是(　　)。
    A. 高级语言　　　　B. 编译语言　　　　C. JAVA 语言　　　　D. 机器语言

12. 将十六进制数 ABC 转化为十进制数是(　　)。
    A. 2 748　　　　　B. 2 654　　　　　C. 1 567　　　　　D. 2 764

13. 十进制整数 98 转换成二进制数的结果是(　　)。
    A. 1100110　　　　B. 1100010　　　　C. 1110010　　　　D. 1100011

14. 如果 2 个字节存储一个汉字,那么一个 16 KB 的存储器共能存储(　　)个汉字。

A. 16 000   B. 8 192   C. 8 000   D. 1 600

15. 在办公场所捡到来历不明的 U 盘应该（   ）。

    A. 直接插入办公设备或个人计算机读取

    B. 视而不见

    C. 交给专业人员处理

    D. 带回家

16. 木马程序一般是指潜藏在用户计算机中带有恶意性质的（   ），利用它可以在用户不知情的情况下窃取用户联网电脑上重要数据信息。

    A. 远程控制软件   B. 计算机操作系统

    C. 木头做的马   D. 计算机芯片

17. 软件著作权从（   ）开始产生。

    A. 软件研究开发之日   B. 软件销售发行之日

    C. 软件正式发表之日   D. 软件开发完成之日

18. 国内勒索病毒案例骤增，这类病毒会将计算机中的文件恶意加密，然后索要赎金。一旦中毒者不按时支付勒索费用，加密文件会在 95 小时内删除。为了避免此类事件的发生，我们应做到（   ）。

    A. 升级防病毒软件到最新病毒库

    B. 定期异地备份重要文件

    C. 针对不明邮件中的附件，切勿随意打开

    D. 以上三项皆是

19. 下列选项中，（   ）属于规范的安全实践行为。

    A. 为防止忘记密码，应该将账号信息写在便利贴上

    B. 朋友发来的邮件一定是安全的，可以随意打开

    C. 离开计算机时将屏幕锁屏

    D. 帮同事修理计算机时，可以顺便复制一下他的文档资料

20. 信息安全领域内最关键和最薄弱的环节是（   ）。

    A. 技术   B. 策略   C. 管理制度   D. 人

三、多项选择题

1. 计算机的特点，正确的说法有（   ）。

   A. 运算速度快   B. 计算精度高

   C. 存储容量大   D. 具有逻辑判断能力

2. 计算机不能直接执行的程序是（   ）。

   A. 源程序   B. 机器语言程序

   C. 高级语言程序   D. 汇编语言程序

3. 下列关于用户密码说法正确的是（   ）。

   A. 密码不能设置为空   B. 复杂密码安全性足够高，不需要定期修改

   C. 密码长度越长，安全性越高   D. 密码认证是最常见的认证机制

4. 下列能用作存储容量单位的是（   ）。

   A. Byte   B. MIPS   C. KB   D. GB

5. 下列描述中正确的是(　　　　)。

A. 就存储速度而言,U 盘比硬盘快,硬盘比内存快

B. 所有计算机的字长都是固定不变的,都是 8 位

C. 计算机的存储容量是计算机的性能指标之一

D. 各种高级语言的编译都属于系统软件

四、判断题

1. CPU 由运算器、控制器组成。(　　　)

2. 软盘和硬盘上的数据均可由 CPU 直接存取。(　　　)

3. 软盘和硬盘驱动器既属于输入设备,又属于输出设备。(　　　)

4. 关闭计算机电源后,RAM 中的程序和数据就消失了。(　　　)

5. 16 位字长的计算机是指它具有计算 16 位十进制数的能力。(　　　)

6. 信息安全等同于网络安全。(　　　)

7. 密码应由不少于 8 位的大小写字母、数字以及标点符号等字符组成,但不宜经常修改。(　　　)

8. 只要资产充足,技术措施完备,就能够保证百分之百的信息安全。(　　　)

9. 计算机病毒是因计算机程序长时间未使用而动态生成的。(　　　)

10. 只有当某种条件满足时,计算机病毒才能被激活产生破坏作用。(　　　)

单元 2
使用微型计算机

日常所说的计算机都是指微型计算机,是人们日常学习、生活中运用最广泛的计算机设备,它极大推进了人类信息化的普及,提升了人们在科学计算、信息处理、过程控制、辅助技术和人工智能等方面运用能力,成为信息社会必不可少的工具。

学 习 要 点

(1) 理解微型计算机的 CPU、主板、存储器、常用外围设备的功能,了解其性能指标;

(2) 理解常用外围设备接口的作用;

(3) 了解 BIOS 在计算机系统硬件配置和管理中的作用。

工 作 情 景

小邱对计算机专业的学习充满激情和渴望,总是不断地问自己,计算机的各部件构成是如何工作的? 怎样才能组装一台计算机呢? 学校机房、多媒体教室、会议室里计算机系统的构成又有哪些不同呢? 带着很多的疑问,小邱决定跟随计算机工作室指导教师进一步学习使用微型计算机。

任务 1 解剖微型计算机

了解微型计算机各组成部件的结构和功能,可以更好地使用、安装、维护和维修微型计算机,让它在我们的工作、生活、学习和娱乐中发挥更大的作用。

 任务情景

今天,小邱走进计算机工作室,看着学长们熟练地摆弄着各式计算机,有的在组装,有的在拆卸,有的在测试……小邱既感到兴奋,但又充满茫然。学长告诉他,要学习计算机,首先需要从解剖计算机开始。

 知识准备

1. 机箱

机箱主要用于安置和固定计算机配件,对计算机配件起到固定和保护的作用,同时具有防护电磁辐射的作用。机箱一般有立式机箱和卧式机箱两种,如图 2-1 和图 2-2 所示。

图 2-1 立式机箱

图 2-2 卧式机箱

机箱的主要性能指标包括坚固性、散热性、屏蔽性、可扩展性和美观性等。

2. 主板

主板,又称系统板、母板、逻辑板、底板等,是计算机机箱内最大的电路板,如图 2-3 所示。主板中最核心的部件是芯片组,一般由北桥芯片和南桥芯片组成。北桥芯片主要负责实现与 CPU、内存、AGP 接口之间的数据传输。南桥芯片主要负责和 IDE 设备、PCI 设备、声音设备、网络设备以及其他 I/O 设备的数据传输。在新的主板中南北桥芯片组已经呈现二合一的发展趋势。

主板的主要性能指标有：主板芯片组、主板的架构、主板制作工艺、主板厂商等。

3. 中央处理器

中央处理器（CPU），主要由运算器和控制器两大部分构成，它是计算机运算和控制的核心，它的性能直接决定了整机的性能。CPU 的主要功能是解释计算机指令、处理计算机软件数据。目前，世界上两大处理器品牌是 Intel 和 AMD。2002 年 8 月 10 日，我国自主研发的第一款通用 CPU "龙芯 1 号"（Godson-1）诞生。龙芯 3 号 CPU 外形如图 2-4 所示，Intel CPU 外形如图 2-5 所示。

图 2-3　计算机主板

图 2-4　龙芯 3 号 CPU 外形

图 2-5　Intel CPU 外形

CPU 的主要性能指标包括：主频、外频、字长、高速缓存（Cache）等。

（1）主频

CPU 内核工作的时钟频率（CPU Clock Speed）。理论上讲，CPU 的频率越高，在一个时钟周期内处理的指令条数也就越多，CPU 的运算速度也就越高。衡量单位是 MHz 或 GHz，目前主流 CPU 多是 GHz。主频 = 外频 × 倍频。

（2）外频

也称 CPU 的基准频率，是系统总线的工作频率，具体指 CPU 到芯片组之间的总线速度，单位是 MHz。CPU 的外频决定着主板的运行速度。

（3）字长

指 CPU 在单位时间内一次能并行处理的二进制位数的长度。目前主流 CPU 多为 64 位。

（4）高速缓存

位于 CPU 和主存储器之间的静态存储器，具有容量小，速度快的特点。主要用于弥补 CPU 和主存储器运行速度的不匹配，提高 CPU 的命中率，从而达到提高 CPU 数据输入输出的速率。一般分为一级缓存（L1 Cache），二级缓存（L2 Cache），三级缓存（L3 Cache），其中最重要的指标为 L1 Cache。

4. 内存

内存（Memory），又称内存储器、主存储器，是 CPU 能直接寻址的存储空间，用于暂时存放计算机工作时的程序和数据。内存条由半导体制成，一般由电路板、内存芯片和金手指等部分组成，如图 2-6 所示。

图 2-6　内存条

内存按工作原理分类，分为只读存储器（ROM）、随机存储器（RAM）和高速缓冲存储器三类。

只读存储器（Read Only Memory），只能读出数据，一般不能写入，断电后数据不会丢失。主要用于存放计算机的基本程序和数据，如 BIOS ROM。

随机存储器（Random Access Memory），既可从中读取数据，也可以写入数据，断电后数据就会丢失。计算机上安装的内存条主要就是 RAM。

内存主要性能指标有：内存主频、内存总容量、引脚数目、颗粒封装形式和内存电压等。

5. 硬盘

硬盘有机械硬盘（HDD）和固态硬盘（SSD）之分。

（1）机械硬盘

机械硬盘（Hard Disk Drive），是计算机中容量最大的外部存储器，号称计算机中数据的仓库。内部结构主要由主轴电机、盘片、磁头和传动臂等部件组成，如图 2-7、图 2-8 所示。

图 2-7　机械硬盘

图 2-8　机械硬盘内部结构

机械硬盘常见的接口有 IDE、SCSI 和 SATA，目前主流的是 SATA 接口。硬盘具有存储容量大、传输速度快和可靠性高的特点。

机械硬盘的主要性能指标有：转速、容量、接口类型、寻道时间和缓存大小等。

机械硬盘的转速是盘片在一分钟内所能完成的最大转数。转速越快，寻找文件的速度也就越快，数据的传输速度也越高，单位表示为 rpm，即转 / 分钟。转速越大，内部传输率就越快，访问时间就越短，机械硬盘的整体性能也就越好。目前，家用主流机械硬盘转速多为7 200 rpm 或 10 000 rpm，服务器多为 10 000 rpm 或 15 000 rpm。

机械硬盘容量以吉字节（GB）或太字节（TB）为单位，目前，主流机械硬盘多为 1~3 TB。影响机械硬盘容量的因素有单碟容量和碟片数量。

一般来说，机械硬盘容量 = 柱面数（表示每面盘面上有几条磁道，一般总数是 1 024）× 磁头数（表示盘面数）× 扇区数（表示每条磁道有几个扇区，一般总数是 64）× 扇区（存储基本单元，大小一般为 512 B）。

（2）固态硬盘

固态硬盘（Solid State Disk 或 Solid State Drive，SSD），是用固态电子存储芯片阵列制作而成的硬盘，如图 2-9 所示。SSD 由控制单元和存储单元（FLASH 芯片、DRAM 芯片）组成。

固态硬盘的存储介质有两种：一种是采用闪存（FLASH 芯片）作为存储介质；另外一种是采用 DRAM 作为存储介质。通常所说的固态硬盘是指采用闪存作为存储介质的硬盘。

固态硬盘与传统机械硬盘相比，具有读写速度快、质量轻、能耗低、体积小、噪声小、防振抗摔性能好等优点。但有容量小、价格昂贵、使用寿命短、数据恢复困难等缺点。

固态硬盘的主要性能指标有：容量、主控芯片、闪存类型、缓存大小和接口类型等。

6. 显卡

显卡（video card、display card、graphics card、video adapter），是 CPU 与显示器的接口，主要负责计算机与显示器之间数据转换。一般分为独立显卡、集成显卡、核心显卡。独立显卡一般由显示芯片（GPU）、显存、显示输出接口和金手指等组成，安装在主板上的 AGP 或 PCI-E 接口上，如图 2-10 所示。

图 2-9   固态硬盘

图 2-10   独立显卡

显卡的主要性能指标有：显卡类型、显卡容量和显卡频率等。

7. 声卡

声卡（sound card）也称音频卡，是 CPU 与音响设备之间的接口，是实现声波 / 数字信号转换的设备。主要有板卡式、集成式和外置式三种接口类型，如图 2-11 所示。

声卡的主要性能指标有：采样位数、采样频率、复音数和动态范围等。

8. 网卡

网卡（Network Interface Card，NIC），也称网络适配器，是计算机与局域网相互连接的设备，如图 2-12 所示。网卡主要功能：一是将计算机的数据封装为帧，并通过传输介质将数据发送到网络上去；二是接收网络上传过来的帧，并将帧重新组合成数据。

图 2-11   独立声卡

图 2-12   网卡

按与计算机的连接方式分，主要分为有线网卡和无线网卡两类。

网卡的主要性能指标有：传输速率和工作模式。

9. 光驱

光驱即光盘驱动器,它是计算机用来读写光盘内容的驱动器。光驱可分为 CD-ROM(只读光盘存储器)驱动器、DVD-ROM(数字多用途只读光盘存储器)光驱、康宝(COMBO)、蓝光光驱(BD-ROM,图 2-13)和刻录机等。

激光头是光驱的心脏,主要负责数据的读取工作。

光驱读取数据的速度用倍速(X)来表示,1 X 即 1 倍速,不同光驱的读取速率不同,CD 光驱 1 X=150 KB/s,DVD 光驱 1 X=1 358 KB/s,蓝光驱 1 X=4.5 MB/s。

光驱的主要性能指标有:数据传输率、平均寻道时间、CPU 占用时间等。

10. 电源

计算机电源是将交流电通过开关电源变压器转换为稳定的直流电,以供计算机系统部件正常工作的设备。目前主流的电源是 ATX 电源,如图 2-14 所示。

图 2-13　蓝光光驱

图 2-14　ATX 电源

计算机电源的主要性能指标有:电源标准、电源功率、输出电压的稳定性和输出电压波纹大小等。

 **任务实施**

识别表 2-1 图例中的计算机配件,并完成相应内容的填写。

表 2-1　微型计算机配件

图例	名称	作用
龙芯3号 LS3A4000 LOONGSON		

续表

图例	名称	作用

 技能拓展

1. 利用"鲁大师"软件对计算机进行硬件检测

① 打开"鲁大师"软件,进入软件界面,如图 2-15 所示。

② 选择"硬件检测"选项卡,对计算机硬件进行全面检测,结果如图 2-16 所示。

图 2-15　"鲁大师"软件界面

图 2-16　检测结果

**2. 利用太平洋电脑网"自助装机"模块,配置一台 6 500 元以内的办公用多媒体计算机
(配置见表 2-2)**

① 进入"太平洋电脑网"。

② 单击右上角"自助装机"链接按钮,进入"自助装机"模块。

③ 根据办公需求,结合自身需求选择一款合适的 CPU。

表 2-2　DIY 硬件自助装机

配件名称	品牌型号	数量	单价
CPU			
主板			
内存			
固态硬盘			
机械硬盘			
显卡			
机箱			
电源			
显示器			
键盘			
鼠标			
音箱			
光驱			

④ 根据所选择的 CPU 品牌及性能,查看其详细参数,根据参数选择与之匹配的主板。

⑤ 根据主板的品牌及性能,查看其详细参数,根据参数选择与之匹配的内存条。

⑥ 完成上述三大件选择后,根据办公需求和自身喜好选择相应的其他部件。

⑦ 根据需求和价格进行配机清单的调整和完善。

⑧ 完成配机清单的填写。

讨论与学习

1. 组装微型计算机时,在内存条品牌、频率一致的情况下,安装两根 2 GB 内存条和安装 1 根 4 GB 的内存条,哪个性能更好?

2. 微型计算机都必须配置一款独立的显卡吗?

3. 微型计算机主板都有南北桥芯片吗?

巩固与提高

1. 微型计算机主机箱内主要安装了哪些计算机设备?

2. Intel 酷睿 i5 9400F 2.9 GHz LGA1151 各参数表示什么意思?

3. CPU 的性能是微型计算机选购过程中考虑的重要指标,因此只要 CPU 确定后,其主板和内存就可以任意选择,这种说法是否正确? 为什么?

4. 从网上查找计算机主板部件详细图解,进一步加强对计算机主板的认识。

5. 上网搜索,了解龙芯 CPU 发展历程。

任务 2　连接计算机及常用设备

构建一个完整的微型计算机硬件系统,除认识计算机主机主要硬件设备外,还需要将计算机的各种外围设备通过各种接口与主机相连,从而为计算机的正常高效运行提供很好的硬件环境。

 任务情景

经过一段时间的学习,小邱对计算机主机设备有了充分的认识,今天接到一个特殊的工作任务,应学校图书馆老师的要求,他和学长一起去帮忙连接电子阅览室的计算机。

 知识准备

(一) 输入设备

1. 键盘

键盘是计算机最基本的输入设备。通过键盘可以将英文字母、数字、标点符号等输入计算机中,从而向计算机发出命令、输入数据等,如图 2-17 所示。

图 2-17　计算机键盘

键盘根据键位数多少一般可分为 101、104、107、108 键位键盘。比较常用的是 104 键的 Windows 键盘。键盘根据外形分为标准键盘和人体工程学键盘。根据工作原理分为机械式键盘、薄膜式键盘、电容式键盘、导电橡胶式键盘。键盘一般通过 PS/2 或 USB 接口与主机相连,除此之外也有通过红外线、2.4 GHz 无线电、蓝牙等与主机相连的无线键盘。

2. 鼠标

鼠标是计算机最常用的输入设备。鼠标按接口类型可分为串行鼠标、PS/2 鼠标、总线鼠标和 USB 鼠标(多为光电鼠标);按其工作原理及其内部结构分为机械式鼠标、光机式鼠标和光电式鼠标;按连接方式可分为无线鼠标(图2-18)和有线鼠标(图2-19)。

鼠标的性能指标主要有分辨率(dpi)、扫描频率和人体工程学等指标。

鼠标的分辨率是鼠标每移动1英寸,光标在屏幕上移动的像素距离,单位是dpi。分辨率越高,鼠标移动速度就越快,定位也就越准。

图2-18　无线鼠标　　　　　　　　图2-19　有线鼠标

鼠标的扫描频率指单位时间的扫描次数,单位是"次/秒"。每秒内扫描次数越多,可以比较的图像就越多,相对的定位精度就越高。

人体工程学指根据人的手形、用力习惯等因素,设计出的产品持握使用更舒适贴手、更容易操控。

3. 扫描仪

扫描仪是利用光电技术和数字处理技术,以扫描方式将图片、照片、底片、文稿等信息转换为数字信号的输入设备。扫描仪按工作原理分,主要可分为手持式、平板式(图2-20)、胶片式、滚筒式(馈纸式,图2-21)等。目前市场上比较常见的是平板式扫描仪。

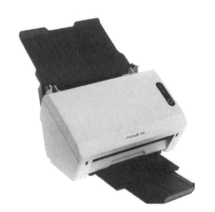

图2-20　平板式扫描仪　　　　　　图2-21　滚筒式扫描仪

扫描仪的品质一般通过"分辨率"来衡量,单位是dpi,指每英寸长度上扫描图像所含有像素点的个数。分辨率分为光学分辨率和最高分辨率两种,前者指扫描过程中实际解析的点数,后者指软件补点运算后的分辨率。

4. 条码阅读器

条码阅读器,又称条码扫描器、条码扫描枪、条形码扫描器、条形码扫描枪或条形码阅读器,如图 2-22 和图 2-23 所示。它是利用光学原理读取条码信息再发送给输入设备。主要应用于商场、超市、物流和图书馆等场所。

图 2-22　条码阅读器 1　　　　　　图 2-23　条码阅读器 2

5. 手写板

手写板,也称手写仪,通过相应的识别方法将专用手写笔或手指在特定区域内书写的文字或绘制的图形转换为文字或图形,输入计算机的设备,如图 2-24 所示。

6. 摄像头

摄像头是一种被广泛运用于视频会议、远程医疗及实时监控等方面的视频输入设备,如图 2-25 所示。

图 2-24　手写板　　　　　　图 2-25　摄像头

摄像头可分为数字摄像头和模拟摄像头两大类。数字摄像头可以将视频采集设备产生的模拟视频信号转换成数字信号。而模拟摄像头必须经过特定的视频捕捉卡将模拟信号转换成数字信号,并加以压缩后才可以转换成计算机能够识别的数据。目前,主流产品多为数字摄像头。

（二）输出设备

1. 显示器

显示器,也称监视器,是计算机的最基本输出设备。CPU 处理后的数据结果通过显示器呈现给用户。

显示器根据制造技术的不同,计算机的显示器主要分为阴极射线管(CRT)显示器和液晶显示器(LCD)两大类。

（1）CRT 显示器

CRT 显示器是一种使用阴极射线管作为成像元件的显示设备,具有色彩绚丽、响应速度快、功耗高、体积大、有辐射的特点,如图 2-26 所示。

CRT 显示器性能的指标主要包括:尺寸、点距、分辨率、带宽、刷新频率和控制方式等。

图 2-26　CRT 显示器

① 尺寸:即通常所说的 19 英寸、21 英寸、25 英寸等,这里的长度是指显示器屏幕对角线的长度,单位为英寸(1 英寸 = 25.44 mm)。

② 点距:指一种给定颜色的一个发光点与离它最近的相邻同色发光点之间的距离。在任何相同分辨率下,点距越小,显示图像越清晰细腻,分辨率和图像质量也就越高,目前家用显示器大多采用 0.28 mm 点距。

③ 分辨率:指构成图像的像素和,即屏幕包含的像素多少。它一般表示为水平分辨率(一个扫描行中像素的数目)和垂直分辨率(扫描行的数目)的乘积,如 1 920 × 1 080,表示水平方向最多可以包含 1 920 个像素,垂直方向是 1 080 像素,屏幕总像素的个数是它们的乘积。分辨率越高,画面包含的像素数量越多,图像越细腻清晰。显示器的分辨率受显示器的尺寸、显像管点距和电路特性等因素影响。

④ 带宽:是显示器视频放大器通频带宽度的简称。带宽越宽,惯性越小,响应速度越快,允许通过的信号频率越高,信号失真越小,它反映了显示器的解像能力。带宽的单位为 MHz,可以用公式"水平分辨率 × 垂直分辨率 × 刷新频率"来计算带宽的数值。

⑤ 刷新频率:显示器的刷新频率分为垂直刷新频率和水平刷新频率。垂直刷新频率,也称场频,是指每秒钟显示器重复刷新显示画面的次数,以 Hz 表示。如果刷新频率低,显示图像会出现抖动。垂直刷新频率越高,图像越稳定,质量越好。水平刷新频率又称行频,它表示指电子枪每秒在荧光屏上扫描过的水平线数量,等于"行数 × 场频",以 kHz 为单位。一般认为,70~72 Hz 的刷新频率即可保证图像的稳定。

⑥ 控制方式:显示器的控制方式主要有模拟、数控、OSD(屏幕菜单式)等,新型的显示器

一般都采用 OSD 的控制方式。

（2）液晶显示器

图 2-27　液晶显示器

液晶显示器（Liquid Crystal Display,LCD），它是一种采用了液晶控制透光度技术来实现色彩显示的显示设备。具有功耗低、体积小、重量轻、无辐射、屏幕不会闪烁等特点，如图 2-27 所示。

液晶显示器（LCD）的性能指标主要有：可视面积与点距、最佳分辨率、亮度和对比度、响应时间、可视角度和最大显示色彩数等。

① 可视面积与点距：液晶显示器可视面积和点距有直接的对应关系。如 14 英寸的液晶显示器，可视面积为 285.7 mm×214.3 mm，最佳分辨率为 1 024×768，则点距为 285.7 mm/1 024=0.279 mm，214.3 mm/768=0.279 mm。反之则可根据点距和分辨率计算出可视面积。

② 最佳分辨率：液晶显示器属于"数字"显示方式，其显示原理是直接把显示卡输出的模拟信号处理为带具体"地址"信息的显示信号，只有显卡跟该液晶显示器的分辨率完全一样时，画面才能达到最佳效果。例如，17 英寸的最佳分辨率是 1 280×1 024。所以液晶显示器的分辨率不能像 CRT 显示器那样可以任意调整。

③ 亮度和对比度：亮度是指画面的明亮程度，单位是坎德拉每平方米（cd/m^2）或称 nits，也就是每平方米烛光，市面上的液晶显示器亮度普遍为 150~350 nits。对比度是直接体现该液晶显示器能否体现丰富的色阶的参数，对比度越高，还原的画面层次感就越好。

④ 响应时间：是指液晶显示器对于输入信号的反应时间，即液晶由暗转亮或由亮转暗的反应时间，通常以 ms 为单位。响应时间越小，表明响应速度越快，性能越好。

⑤ 可视角度：液晶显示器属于背光型显示器件，最佳的欣赏角度为正视。当从其他角度观看时，由于背光可以穿透旁边的像素而进入人眼，所以会造成颜色的失真。可视角度值越大越好。

⑥ 最大显示色彩数：液晶显示器的每个像素由 RGB 三基色组成。如果每个基色只能表现 6 位色，即 2^6=64 种颜色，则每个独立像素可以表现的最大颜色数是 64×64×64=262 144 种颜色。色彩数值越大，显示效果越好。

2. 打印机

打印机是计算机常见的输出设备，用于将计算机处理结果打印在相关介质上。常见的打印机可以分为针式打印机、喷墨打印机和激光打印机。

（1）针式打印机

针式打印机主要是利用撞针直接撞击色带，将颜色印到纸上，如图 2-28 所示。针式打印机属于机械击打式打印机,具有体积大、噪声大、打印品质差、速度慢、打印成本低、可打印多层介质等特点。现在一般在打印多页票据时才会使用针式打印机。

(2) 喷墨打印机

喷墨打印机采用非击打的工作方式,利用印字头将墨水喷到纸张上而形成打印文稿。与针式打印机相比具有体积小、打印噪声低、打印速度快、彩色效果好、不能打印多层介质、打印成本高的特点。如图 2-29 所示。

图 2-28 针式打印机

图 2-29 喷墨打印机

(3) 激光打印机

激光打印机主要通过激光光束,将图像反射在感光鼓上,再将碳粉附在感光鼓上,将图像转印到纸张上,有点类似于复印机,如图 2-30 所示。目前市面上的激光打印机有黑白与彩色两种。激光打印机具有打印质量好、速度快、噪声低、色彩艳丽等优点,但购买成本较高,不能打印多层介质。

图 2-30 激光打印机

打印机的主要性能指标有分辨率和打印速度。

打印机的分辨率以 dpi 为单位,指的是每英寸打印的点数,分辨率越高打印效果越清晰。而打印速度则以 ppm 表示,指打印机每分钟可以打印的页数。针式打印机的打印速度则以 cps 为单位,指每秒可以打印的字符数。

3. 投影仪

投影仪,又称投影机,是一种可以将图像或视频投射到幕布上的设备,如图 2-31 所示。广泛应用于家庭、办公室、会议室、学校和娱乐场所。根据工作方式不同,投影仪可以分为 CRT、LCD 和 DLP 等不同类型。投影仪的性能指标主要有光输出、扫描频率、分辨率和视频带宽等。

4. 音箱

音箱就是将音频信号还原为声音并输出的设备。主要性能指标有额定功率、信噪比、频响范围、失真度和阻抗等,如图 2-32 所示。

图 2-31　投影仪

图 2-32　音箱

（三）常见的计算机主板接口

计算机主板 I/O 接口如图 2-33 所示。

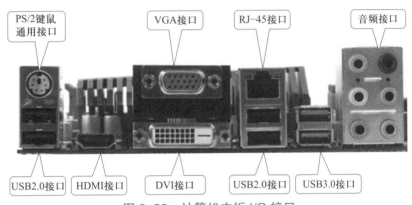

图 2-33　计算机主板 I/O 接口

1. PS/2 接口（Personal Systen 2）

PS/2 接口主要用于连接键盘和鼠标，一般情况下，绿色接口接鼠标，紫色接口接键盘。PS/2 接口是输入装置接口，而不是传输接口。

2. USB 接口（Universal Serial Bus）

USB 即通用串行总线，它是一种串口总线标准，也是一种输入输出接口的技术规范。其最大特点是支持热插拔，而不影响硬件使用。USB 标准中将 USB 分为 5 个部分：控制器、控制器驱动程序、USB 芯片驱动程序、USB 设备以及针对不同 USB 设备的客户驱动程序。

USB 接口是目前广泛运用的接口标准，传输速率不断提升。USB1.1 标准接口的传输速率为 12 Mbps，USB2.0 标准接口的数据传输速率为 480 Mbps，USB3.0 标准接口的数据传输速率为 5 Gbps，USB3.1 标准接口的数据传输速率为 10 Gbps。

3. VGA 接口

VGA 接口是 IBM 公司于 1987 年提出的一个使用模拟信号的计算机显示标准。VGA 接口是计算机采用 VGA 标准输出数据的专用接口，共有 15 孔，分成 3 排，每排 5 个，是显卡上应用最为广泛的接口类型，绝大多数显卡都带有此种接口，它传输红、绿、蓝模拟信号以及同步信号(水平和垂直信号)。

4. HDMI 接口

HDMI 接口是指高清晰度多媒体接口,它是一种全数字化视频/音频接口技术,是适合影像传输的专用型数字化接口,可同时传送音频和影像信号,最高数据传输速率为 42.6 Gbps,而 HDMI 线的最高数据传输速率为 5 Gbps。

5. DVI 接口

DVI 接口又称数字视频接口,有 DVI-A、DVI-D 和 DVI-I 三种不同类型的接口形式。DVI-A 只能传输模拟信号,DVI-D 只能传输数字信号,DVI-I 既可传输数字信号,也可传输模拟信号。DVI 接口在个人计算机、DVD、高清电视(HDTV)、高清投影仪等设备上有广泛的应用。

6. RJ-45 接口

RJ-45 接口由插头(接头、水晶头)和插座(模块)组成,插头有 8 个凹槽和 8 个触点。RJ-45 接口有两类:用于以太网网卡、路由器以太网接口等的 DTE(数据终端设备)类型和用于交换机等的 DCE(数字通信设备)类型。

7. 音频输入输出接口

音频接口是连接传声器、其他声源与计算机相连的接口。音频接口通常与传声器、线路输入和其他声源输入设备配合使用。

8. 串行接口

串行接口即串行通信接口(通常指 COM 接口),简称串口,是采用串行通信方式的扩展接口,如图 2-34 所示。串行接口数据通信会一位一位地顺序传送,数据传输率一般为 115~230 Kbps,只要一对传输线就可以实现双向通信,从而大大降低了成本,特别适用于远距离通信,但传送速率较慢。

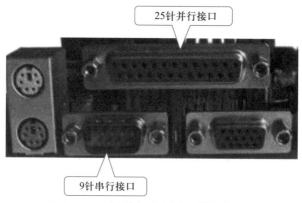

图 2-34　计算机主板串/并行接口

串行接口可连接鼠标、外置 Modem、老式摄像头和手写板等外围设备,也可应用于两台计算机(或设备)之间的互连,但该接口不支持热插拔及传输速率较低,新主板和大部分便携式计算机已取消该接口。目前,串行接口多用于工控、测量设备以及部分通信设备。

9. 并行接口

并行接口指采用并行传输方式传输数据的接口标准。通常是以字节（8 位）或双字节（16 位）为单位进行数据传输，并行接口的数据传输速率最高可达 16 Mbps。并行接口是指数据的各位同时进行传送，其特点是传输速率快，但当传输距离较远、位数又多时，就导致通信线路复杂且成本提高。现主要用于打印机和绘图仪，一般称为打印接口或 LPT 接口。

10. Type-C 接口

USB Type-C 是一种全新的 USB 接口形式（USB 接口还有 Type-A 和 Type-B），它是 USB 标准化组织为解决 USB 接口长期以来物理接口规范不统一，电能只能单向传输等弊端而制定的全新接口，它集充电，显示和数据传输等功能于一身，如图 2-35 所示。

Type-C 接口最大的特点是支持正反 2 个方向插入，解决了"USB 永远插不准"的难题。

图 2-35　计算机主板 Type-C 接口

11. IEEE 1394 接口

IEEE 1394 接口是苹果公司开发的串行标准，中文译名为火线接口（Firewire）。IEEE 1394 接口支持外设热插拔，可为外围设备提供电源，能连接多个不同设备，支持同步数据传输，如图 2-36 所示。

IEEE 1394 分为两种传输方式：Backplane 模式和 Cable 模式。Backplane 模式可用于多数的高带宽应用。Cable 模式是传输速率非常快的模式，分别为 100 Mbps、200 Mbps 和 400 Mbps 几种，在 200 Mbps 传输速率下可以传输不经压缩的高质量数据电影。

图 2-36　计算机主板 IEEE 1394 接口

 任务实施

1. 连接图书馆借阅计算机

① 连接计算机键盘、鼠标。
② 连接计算机显示器及显示器电源线。
③ 连接计算机主机电源线。
④ 连接图书借阅条码扫描器。
⑤ 连接多功能一体机。
⑥ 连接手写板。

⑦ 连接计算机网线。

⑧ 开启计算机外围设备电源,开启计算机主机电源。

⑨ 配置计算机网络,确保计算机实现有线上网。

⑩ 安装驱动条码扫描器,多功能一体机,手写板的驱动。

⑪ 测试相关外围设备是否正常工作。

2. 正确打开计算机

正确开机的原则是:先开外设,再开主机。

① 开启计算机及外围设备总电源。

② 打开计算机外围设备(如显示器、打印机和扫描仪等)电源。

③ 打开计算机主机电源。

3. 正确关机

正确关机的原则是:先关主机,再关外围设备。

① 关闭计算机正在运行的程序。

② 单击"开始"按钮,从菜单中选择"关机"命令。

③ 关闭计算机外围设备(如显示器,打印机,扫描仪等)电源。

④ 关闭计算机总电源。

4. 请将各种常见 I/O 接口特点和功能填入表 2-3

表 2-3　常见 I/O 接口特点和功能

接口名称	传输速率	常见连接设备	是否支持热插拔
串行接口			
并行接口			
PS/2 接口			
USB 2.0 接口			
USB 3.0 接口			
USB 3.1 接口			
Type-C 接口			
IEEE 1394 接口			
VGA 接口			
HDMI 接口			

 技能拓展

1. 办公室网络打印机的安装与配置

(1) 共享打印机的本地安装

在 A 计算机上完成本地打印机的连接、安装与配置。

（2）设置本地打印机的共享属性

打开 A 计算机"控制面板"→"设备和打印机"，右击需要共享的打印机，选择"打印机属性"，选择"共享"选项卡，选择共享这台打印机，设置共享打印机的名称，单击"确定"按钮。

（3）连接共享打印机

打开 B 计算机"控制面板"，单击"查看设备和打印机"，选择"添加打印机"→"添加网络打印机"，计算机开始搜索网络上共享的打印机，如果搜索到需要安装的打印机，双击"确定"按钮即可完成打印机的安装；如果未搜索到需要安装的打印机，选择下面的"我需要的打印机不在列表中"，选择"按名称选择共享打印机"，按"\\ip\ 打印机名称"格式输入共享打印机的名称，单击"确定"按钮。

（4）完成共享打印机的连接

打印测试页，测试连接是否正常。

2. 计算机与智能电视的连接

① 准备一根 HDMI 数据线，用于计算机与智能电视机的连接。

② 找一款有 HDMI 接口的计算机。

③ 通过 HDMI 数据线将计算机 HDMI 接口与智能电视机 HDMI 接口相连。

④ 通过电视机遥控器选择，设备信号源为 HDMI 接口来源的信号。

⑤ 在计算机上按组合键"Windows"+"P"键，在弹出的扩展面板中，选择相应的类型即可。

讨论与学习

1. 如何实现计算机输出画面的多屏显示？

2. 如何将计算机网络上的视频资源在智能电视上播放？

巩固与提高

1. 尝试组建一个家庭影院系统，需要用到哪些设备？你打算如何实施？

2. 尝试将手机作为一个存储设备使用和计算机相连，你将如何操作？

3. 在网络上搜集主板 I/O 接口图解，进一步认识不同 I/O 接口？

任务 3　设置 BIOS

管理和配置计算机的基本输入输出系统，使计算机系统运行状态最优，运行效率最好，具备一定的 BIOS 的设置和管理能力是非常必要的。

任务情景

今天同学小赵抱着台式计算机来到计算机工作室找小邱帮忙,他的计算机系统崩溃了,需要重新安装操作系统,但自己怎么也不能通过系统启动盘运行系统安装程序。

 知识准备

1. BIOS 基本概念

BIOS(Basic Input & Output System)即基本输入输出系统。它是一组固化到计算机主板上一块 ROM 芯片上的程序,它保存着计算机最重要的基本输入输出的程序、开机后自检程序、系统自启动程序及系统设备程序。其主要功能是为计算机提供最底层的、最直接的硬件设置和控制。

BIOS 芯片是主板上一块长方形或正方形芯片,只有在开机时才可以进行设置,如图 2-37和图 2-38 所示。一般在计算机启动时按 F2 键或者 Delete 键进入 BIOS 设置程序,一些特殊机型需要根据提示按 F1 键、Esc 键、F10 键等进行设置。

图 2-37 Phoenix BIOS 芯片

图 2-38 AMI BIOS 芯片

早期的 BIOS 芯片由 ROM(Read Only Memory,只读存储器)构成,而后被可重复擦除和写入的 EPROM(Erasable Programmable ROM,可擦除可编程 ROM)芯片取代,解决了 ROM 芯片只能写入一次的弊端。现在一般都采用 EEPROM(Electrically Erasable Programmable ROM,电可擦除可编程 ROM)芯片,用户可以通过跳线开关和系统配带的驱动程序盘,对 EEPROM 进行重写,方便地实现 BIOS 升级。

2. BIOS 的基本类别

市面上较流行的主板 BIOS 主要有 Award BIOS、AMI BIOS 和 Phoenix BIOS 三种类型。

Award BIOS 是由 Award Software 公司开发的 BIOS 产品,在主板中使用最为广泛。Award

BIOS 设置主界面如图 2-39 所示。

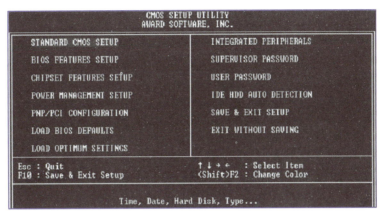

图 2-39   Award BIOS 设置主界面

早期的 286、386 计算机中 AMI BIOS 设置主界面如图 2-40 所示。

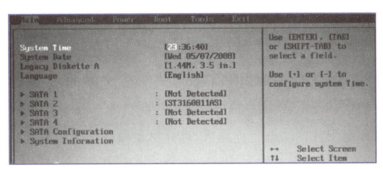

图 2-40   AMI BIOS 设置主界面

Phoenix BIOS 是 Phoenix 公司产品，在早期多用于较高端的 586 原装品牌计算机和笔记本电脑。Phoenix BIOS 设置主界面如图 2-41 所示。

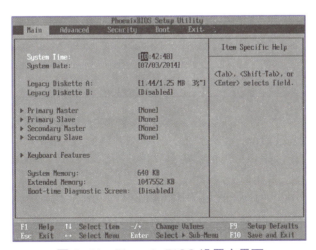

图 2-41   Phoenix BIOS 设置主界面

3. CMOS

CMOS 是主板上一块可读写的 RAM 芯片，用来保存 BIOS 设置程序所设置的参数和数据。

CMOS 芯片由主板上的纽扣电池供电,即使系统断电,参数也不会丢失。

4. BIOS 和 CMOS 的关系

　　CMOS 芯片只有保存数据的功能,对 CMOS 中各项参数的设置要通过 BIOS 设置程序来实现。BIOS 中的系统设置程序是完成 CMOS 参数设置的手段;CMOS RAM 既是 BIOS 设置系统参数的存放场所,又是 BIOS 设置系统参数的结果。即"通过 BIOS 设置程序对 CMOS 参数进行设置"。

 任务实施

1. 以 Phoenix Award BIOS 为例,完成计算机从 U 盘启动的 BIOS 设置

　　① 进入开机画面时,连续按"Delete"键进入 BIOS 设置界面,利用方向键,将光标移动到"Advanced BIOS Features"(高级 BIOS 功能)并按"Enter"键。

　　② 进入高级设置界面后,利用方向键将光标选择"Hard Disk Boot Priority"后按"Enter"键。

　　③ 进入"Hard Disk Boot Priority"设置界面以后,利用"+"号键将"USB-HDD0 :"选项移到第一位置。

　　④ 按"Esc"键返回"Advanced BIOS Features"。利用方向键找到并选择"First Boot Device"按"Enter"键,将其设置成"Hard Disk"选项。

　　⑤ 按 F10 键保存退出并自动重启计算机,计算机重新启动之后将会自动进入 U 盘启动。

2. 参照 Award BIOS 主界面(图 2-39),完成表 2-4 的填写

表 2-4　Award BIOS 主界面功能

实现功能	选择选项
1. 修改系统日期和时间	
2. 载入 BIOS 初始稳定设置值	
3. 设置进入 BIOS 修改设置密码	
4. 沿用原有设置并退出 BIOS 设置	

 技能拓展

　　1. 以 Phoenix Award BIOS 为例,通过 BIOS 设置计算机开机密码。

　　① 启动计算机,按"Delete"键,进入 BIOS 设置界面。

　　② 选择"Advanced BIOS Feature"选项,按"Enter"键,将"Security Option"选项的值设为"System",并按"Esc"键返回上层界面。

　　③ 选择"Set User Password"选项,按"Enter"键,输入密码,并按"Enter"键确认(重复两次);

④ 按"F10"键保存设置并退出。

2. 通过 BIOS 加载系统优化默认设置。

① 启动计算机,按"Delete"键,进入 BIOS 设置界面。

② 选择"Load Optimized Defaults"选项,按"Enter"键,弹出"Load Optimized Defaults(Y/N) ?",选择"Y",按"Enter"键。

③ 按"F10"键保存设置并退出。

 讨论与学习

1. 通过 BIOS 设置的系统日期和时间,每次开机后都会还原,这是什么原因呢? 如何解决?

2. 如何实现计算机开机后,数字键盘处于开启状态?

 巩固与提高

1. 通过计算机网络搜集 BIOS 密码破解措施。

2. 完成 Award BIOS 主菜单各选项的功能说明图例。

单 元 小 结

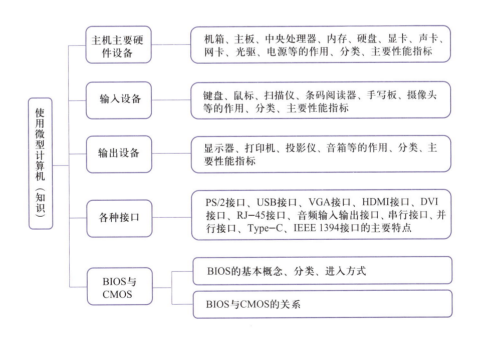

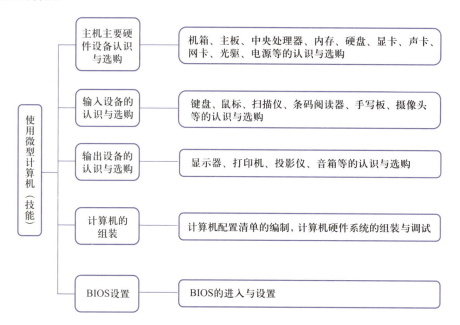

综 合 实 训

利用"太平洋电脑网"的"自助装机"模块,完成一台价格约为 5 000 元的个人办公用多媒体计算机的配置清单,写出配置测评报告,完成计算机的组装与配置。

一、编制采购配置清单

① 根据办公需要选择一款性价比高的 CPU。

② 根据 CPU 选择合适的主板。

③ 根据主板选择适合的内存条,最好组建稳定的双通道。

④ 完成硬盘、显卡、机箱、电源、键鼠套件和音箱等的配置。

⑤ 根据资金情况调整相关设备配置。

⑥ 提交配置清单,参与测评。

⑦ 完成配置清单的测评报告。

二、计算机组装与配置

① 准备好计算机安装工具。

② 安装 CPU 到计算机主板。

③ 安装内存条到计算机主板。

④ 将主板安装到机箱内。

⑤ 根据实际情况安装显卡和声卡等设备。

⑥ 安装硬盘、光驱和电源等。

⑦ 完成机箱内主板、电源、光驱和硬盘等设备线的连接。

⑧ 连接显示器。

⑨ 连接键鼠套件。

⑩ 连接音箱、打印机等外围设备。

⑪ 连接有线网络。

⑫ 连接主机电源。

⑬ 开启计算机外设电源。

⑭ 开启计算机主机电源。

⑮ 配置计算机 CMOS 参数,设置第一启动盘为 U 盘启动。

⑯ 安装计算机操作系统。

⑰ 配置计算机网络,确保计算机能正常上网。

⑱ 配置计算机外围设备驱动,确保正常工作。

⑲ 安装相关应用程序。

习题 2

一、填空题

1. 从外观看计算机机箱主要分为_____和_____两类。

2. 计算机中最大的电路板是_____。

3. 中央处理器主要由_____和_____两大部分构成,它的性能直接决定整机的性能。

4. 我国自主研发的第一款通用 CPU 是_____。

5. 目前市场上的硬盘主要有_____和_____两大类。

6. 按与计算机的连接方式分,网卡主要分为_____和_____两大类。

7. 能反映扫描仪实际解析的点数指标称为_____。

8. 摄像头可分为_____和_____两大类。

9. 计算机的最基本输出设备是_____。

10. 计算机主板接口中可同时传送音频和影像信号,最高数据传输速率为 42.6 Gbps 的是_____。

二、单项选择题

1. 计算机主板中最核心的部件是(   )。

    A.芯片组   B.CPU   C.内存条   D.声卡

2. CPU 在单位时间内一次能并行处理的二进制位数的长度称为(   )。

    A.外频   B.字长   C.倍频   D.64 位

3. 以下不属于 CPU 性能指标的是(   )。

    A.Cache   B.字长   C.主频   D.网络带宽

4. CPU 能直接寻址的存储空间是(   )。

    A.Cache   B.硬盘   C.内存   D.光盘

5. 计算机中号称"数据仓库"的大容量外部存储器是(   )。

    A.光盘   B.硬盘   C.内存   D.高速缓存

6. CPU 与显示器的接口是（　　　）。

　　A. 显示器　　　　　　B. 显卡　　　　　　　C. 显存　　　　　　　D. 投影仪

7. （　　　）是光驱的心脏,主要负责数据的读取工作。

　　A. 蓝光光驱　　　　　B. 磁头　　　　　　　C. 数据传输率　　　　D. 激光头

8. 计算机最基本的输入设备是（　　　）。

　　A. 鼠标　　　　　　　B. 扫描仪　　　　　　C. 键盘　　　　　　　D. 手写板

9. 我们现在所使用的鼠标多属于（　　　）。

　　A. 机械式　　　　　　B. 光机式　　　　　　C. 机电式　　　　　　D. 光电式

10. 以下设备不属于输入设备的是（　　　）。

　　A. 显示器　　　　　　B. 手写板　　　　　　C. 鼠标　　　　　　　D. 键盘

11. （　　　）设备的分辨率是指每英寸长度上扫描图像所含有像素点的个数。

　　A. 鼠标　　　　　　　B. 手写板　　　　　　C. 扫描仪　　　　　　D. 键盘

12. 以扫描方式将图片、照片、底片、文稿等信息转换为数字信号的输入设备是（　　　）。

　　A. 数码相机　　　　　B. 手写板　　　　　　C. 条码阅读器　　　　D. 扫描仪

13. 将专用手写笔或手指在特定区域内书写的文字或绘制图形转换为文字或图形输入计算机的设备是（　　　）。

　　A. 数码相机　　　　　B. 手写板　　　　　　C. 写手笔　　　　　　D. 条码扫描仪

14. 可打印多层介质的打印机是（　　　）。

　　A. 针式打印机　　　　B. 喷墨打印机　　　　C. 激光打印机　　　　D. 手写板

15. 将音频信号还原为声音并输出的设备是（　　　）。

　　A. 声卡　　　　　　　B. 音箱　　　　　　　C. 传声器　　　　　　D. 显示器

16. 计算机最基本的输出设备是（　　　）。

　　A. 显卡　　　　　　　B. 显示器　　　　　　C. 音箱　　　　　　　D. 投影仪

17. 以下不属于液晶显示器特点的是（　　　）。

　　A. 体积小　　　　　　B. 重量轻　　　　　　C. 色彩绚丽　　　　　D. 低辐射

18. Type-C 接口最大的特点是（　　　）。

　　A. 支持正反两个方向插入　　　　　　　　　B. 仅能传输数据

　　C. 主要用于打印机和绘图仪的接口　　　　　D. 又称火线接口

19. CMOS 芯片是一块（　　　）芯片。

　　A. ROM　　　　　　　　　　　　　　　　　B. 设置 BIOS 的芯片

　　C. RAM　　　　　　　　　　　　　　　　　D. 只能修改一次的

20. 以下可同时传送音频和影像信号的接口是（　　　）。

　　A. 串行接口　　　　　B. 并行接口　　　　　C. PS/2　　　　　　　D. HDMI

三、多项选择题

1. 能体现计算机机箱作用的是（　　　）。

　　A. 对计算机配件起到固定作用　　　　　　　B. 能保护计算机配件设备

　　C. 具有电磁辐射的防护作用　　　　　　　　D. 计算机机箱可有可无

2. 衡量一块主板性能好坏的指标有（　　　）。

A. 主板芯片组　　　　B. 主板的架构　　　　C. 主板厂商　　　　D. 主板制作工艺

3. 内存按工作原理可分为（　　　　）。

A. ROM　　　　B. 高速缓冲存储器　　　C.CD–ROM　　　　D. RAM

4. 以下属于声卡接口类型的是（　　　　）。

A. 独立式　　　　B. 板卡式　　　　C. 集成式　　　　D. 外置式

5. 以下属于声卡主要性能指标的是（　　　　）。

A. 采样位数　　　　B. 引脚数目　　　　C. 采样频率　　　　D. 颗粒封装形式

6. 以下属于机械硬盘主要性能指标的是（　　　　）。

A. 转速　　　　B. 容量　　　　C. 缓存大小　　　　D. 闪存类型

7. 键盘一般可通过（　　　　）方式与主机相连。

A.PS/2　　　　B. USB 接口　　　　C. 蓝牙　　　　D. 红外线

8. 属于按鼠标接口类型分类的是（　　　　）。

A.PS/2 鼠标　　　　B. USB 接口　　　　C. 无线鼠标　　　　D. USB 鼠标

9. 属于 LCD 显示器主要性能指标的是（　　　　）。

A. 可视面积与点距　　　　　　　　B. 响应时间

C. 最大显示色彩数　　　　　　　　D. 辐射值的大小

10. 属于计算机主板常用接口的是（　　　　）。

A.PS/2 接口　　　　B. USB 接口　　　　C. VGA 接口　　　　D. HDMI 接口

四、判断题

1. 如果没有机箱的保护，计算机就不能工作。（　　　）

2. ROM 是一种随机存储器，分为静态存储器和动态存储器两种。（　　　）

3. CPU 的外频决定着主板的运行速度。（　　　）

4. CPU 中的高速缓存的作用主要是弥补 CPU 和主存储器运行速度的不匹配，提高 CPU 的命中率。（　　　）

5. 固态硬盘与传统机械硬盘相比，具有读写速度快、质量轻、能耗低、体积小、噪声小、防振抗摔性能好、数据更容易恢复等优点。（　　　）

6. 独立显卡一般由显示芯片（GPU）、显存、显示输出接口和金手指等组成，安装在主板上的 AGP 或 PCI–E 接口上。（　　　）

7. 网卡主要是一方面将计算机的数据封装为帧，并通过传输介质将数据发送到网络上去，另一方面是接收网络上传过来的帧，并将帧重新组合成数据。（　　　）

8. 光驱的速度用倍速（X）来表示，一般来说，1 X=750 KB/s，蓝光光驱的 1 X=4.5 MB/s，普通 DVD 光驱的 1 X=1 358 KB/s。（　　　）

9. 计算机电源是将直流电通过开关电源变压器转换为稳定的交流电，以供计算机系统部件正常工作的设备。目前主流的电源是 ATX 电源。（　　　）

10. 鼠标的扫描频率是指鼠标每移动 1 英寸，光标在屏幕上移动的像素距离，单位是 dpi。（　　　）

11. 鼠标的分辨率越高，表示鼠标移动速度就越快，定位也就越准。（　　　）

12. 最能反映扫描仪真实解析点数的指标是最高分辨率。（　　　）

13. 条码扫描器是广泛应用于商场、超市、物流和图书馆等场所的输出设备。（　　　）

14. 显示器的尺寸长度是指显示器屏幕对角线的长度。( )

15. 显示器的点距越小,显示图像越清晰细腻,分辨率和图像质量也就越高。( )

16. CRT 显示器具有功耗低、体积小、重量轻、无辐射和屏幕不会闪烁等特点。( )

17. 液晶显示器属于"数字"显示方式,所以分辨率可以像 CRT 显示器那样可以任意调整。( )

18. 液晶显示器对于输入信号的反应时间,值越小,表明响应速度越快,性能越好。( )

19. 打印机的打印速度都以 ppm 表示,指打印机每分钟可以打印的页数。( )

20. PS/2 接口主要用于连接键盘和鼠标,一般情况下,绿色接口接键盘,紫色接口接鼠标。PS/2 接口是传输装置接口,而不是输入接口。( )

21. IEEE 1394 接口支持热插拔,可为外围设备提供电源,能连接多个不同设备,支持同步数据传输。( )

22. USB Type-C 是一种全新的 USB 接口形式,最大的特点是支持正反两个方向插入,解决了"USB 永远插不准"的难题。( )

23. 串行接口一般被称为打印接口或 LPT 接口。( )

24. BIOS 是一组固化到计算机主板上一块 RAM 芯片上的程序,它保存着计算机最重要的基本输入输出的程序、开机后自检程序、系统自启动程序及系统设备程序。( )

25. CMOS 芯片只有保存数据的功能,对 CMOS 中各项参数的设置要通过 BIOS 设置程序来实现。即"通过 BIOS 设置程序对 CMOS 参数进行设置"。( )

单元 3
录入文字

文字录入,是使用计算机进行办公文档处理的基础,具备一定的录入速度是计算机相关专业最基本的要求,文字录入技术主要包括英文录入技术和中文录入技术。

学 习 要 点

(1) 了解键盘的基础知识;
(2) 理解键盘的分区知识;
(3) 掌握录入规范操作;
(4) 掌握英文录入技术;
(5) 掌握中文录入技术。

工 作 情 景

通过在计算机工作室的学习,小邱对计算机的硬件已经非常熟悉了,在计算机应用专业的各门课程的学习和完成作业的过程中,熟练录入文字是必须掌握的一个重要技能,小邱将在接下来的学习中逐步掌握计算机的应用。

任务 1 录入英文

人们通过键盘,可以把文字、数字、符号等信息录入计算机,实现人与计算机的交互。因此,录入是操作计算机设备的重要技能之一。要掌握好录入技术,必须对键盘操作熟练。如何才能快速、准确的进行英文录入呢?

任务情景

小邱在职业学校的第一个英语学习任务是,提交一份打印的英文自我简介。小邱手写一份英文自我简介,到计算机实训室进行录入。原本用 10 分钟完成的手写稿,使用键盘录入花费了 1 个小时。小邱感叹道:"英文录入也太慢了! 有没有什么方法可以快速录入呢?"他请教了计算机工作室的指导教师,又查阅了资料后,才知道这是由于他对键盘的键位不熟悉,并且录入操作不规范造成的。

知识准备

1. 键盘的基础知识

(1) 键盘的结构和工作原理

键盘的结构可分为外壳、按键、接口和电路板。

① 外壳。大部分键盘直接采用塑料底座的设计,部分优质键盘的底部采用较厚的钢板,以增加键盘的质感。外壳底部设有可折叠的支撑脚,展开支撑脚可以使键盘保持一定倾斜度,以提供更好的输入体验。

② 按键。键盘上的主要部件,主流的键盘一般有 104 个按键,通常由 26 个英文字母、0~9 共 10 个数字按键、F1~F12 等功能按键组成。按键与键盘连接的部分通常分为火山口结构、剪刀脚结构和机械轴结构,早前还有一种 T 形结构,目前已经在市面上被逐渐淘汰。而在这常用的三种结构中,火山口结构是最为普遍的,多用于台式计算机键盘。剪刀脚结构也称 X 结构,多用于笔记本电脑的键盘。机械键盘根据手感的不同,可分为青轴、黑轴、白轴、红轴等。

③ 接口。用于连接键盘和主机。早期键盘接口有 AT 接口和 PS/2 接口,目前主要采用 USB 接口。

④ 电路板。它是整个键盘的控制核心,位于键盘的内部,其作用是按键扫描识别,编码和传输。

键盘的基本工作原理是键盘控制电路实时监视按键按下和弹起状态,并转换为相应的按键信息,通过接口把按键信息送入计算机。

（2）键盘的分类

键盘的种类很多,一般可分为触点式和无触点式两类。触点式键盘借助金属把两个触点接通或断开以输入信号,无触点式键盘借助霍尔效应利用电流和电压变化产生输入信号。

此外,根据键盘的工作原理可以划分为机械键盘、塑料薄膜式键盘、导电橡胶式键盘、无接点静电电容键盘。目前,塑料薄膜式键盘以其低价格、低噪声和低成本,占领了市场绝大部分份额。

2. 键盘的布局

键盘上的所有键,按照功能可分为主键盘区、功能键区、控制键区、数字键区和状态指示区共 5 个区域,如图 3-1 所示。

图 3-1 键盘布局

（1）主键盘区

主键盘区是键盘上最重要的区域,也是使用最频繁的一个区域,它的主要功能是用来录入数据、程序和文字等。包括字母键、数字符号键、控制键、标点符号及特殊符号键,如图 3-2 所示。

图 3-2 主键盘区

下面我们将对主键盘区的主要键位进行详细介绍:

Tab 键:表格键。Tab 是英文 Table 的缩写。在文字处理软件中起等距离移动的作用。

Caps Lock 键:大写锁定键。Caps Lock 是英文 Capital Lock 的缩写。单击则启动到大写状态,状态指示区 Caps Lock 灯会亮;再次单击又恢复小写状态。当处于大写状态时,中文输入法无效。

Shift 键:转换键。分为左右两个,用以转换大小写或上符键,还可以配合其他的键共同起作用。按下此键和单一字母键,则输入此字母的大写字母;按下此键和双字符键(一个键位上有两排字符),则输入的是这些键位上面的字符。

Ctrl 键:控制键,英文 Control 的缩写。通常配合其他键或鼠标使用。

Alt 键:可选键,英文 Alternative 的缩写。通常配合其他键或鼠标使用。

Space 键:空格键。单击空格键光标会向右移动一个字符位置;录入中文时,单击空格键,表示编码录入完毕。

Backspace 键:退格键,也称删除键。单击会删除光标左侧的字符,同时,光标向左移动一个字符的位置。

Enter 键:回车键。主要作用是执行某一命令,在文字处理软件中起换行的作用。

(2) 功能键区(图 3-3)

图 3-3　功能键区

Esc 键:退出键,英文 Escape 的缩写。主要作用是退出某个程序或撤销当前操作。

F1~F12 键:功能键,英文 Function 的缩写。在不同的系统软件中,其定义的功能作用不同,也可以配合其他的键起作用。在常用软件中 F1 是帮助功能。

Print Screen 键:打印屏幕键。单击之后,当前屏幕的显示内容就保存在剪贴板里,可以在剪贴板中进行编辑和打印。

Scroll Lock 键:屏幕滚动锁定。Scroll Lock 在 DOS 时期用处很大,在 Windows 时代后,Scroll Lock 键的作用越来越小。

Pause Break 键:暂停键。将某一操作或程序暂停。计算机开机进入 DOS 自检界面时,单击 Pause Break 键,会暂停信息翻滚,之后按任意键可以继续。

(3) 控制键区(图 3-4)

Insert 键:插入键。在文字处理软件中主要用于插入字符。

Delete 键:删除键。单击之后删除光标后面的字符。

Home 键:原位键。在文字处理软件中,定位于本行的起始位置。

End 键:结尾键。在文字处理软件中,定位于本行的末尾位置。

PageUp 键:向上翻页键。在文字处理软件中,将内容向上翻页。

PageDown 键:向下翻页键。在文字处理软件中,将内容向下翻页。

光标移动键:也称方向键。用于控制光标向四个方向移动。

图 3-4　控制键区

（4）数字键区（图3-5）

Num Lock 键：数字锁定键，其作用是用来打开和关闭数字小键盘区。

0~9 键：数字键，用于录入数字。

+ 键：加号键，用于加法运算。

– 键：减号键，用于减法运算。

* 键：乘号键，用于乘法运算。

/ 键：除号键，用于除法运算。

Del 键：删除键，与 Delete 键功能相同。

图3-5　数字键区

3. 正确坐姿（图3-6）

① 全身放松，身体端正，腰部挺直，双脚平踏。

② 身体正对屏幕，眼睛平视屏幕，保持30~40 cm的距离。

③ 椅子高度适中，手肘与键盘平行，手腕不靠在桌子或键盘上。

4. 正确指法

正确的打字方法是"触觉打字法"，又称"盲打法"。所谓"触觉"是指按键靠手指的"感觉"，而不是靠用眼看的"视觉"。

图3-6　正确坐姿

（1）基准键位

开始录入前，左手小指、无名指、中指和食指分别虚放在"A、S、D、F"键上；右手食指、中指、无名指和小指分别虚放在"J、K、L、;"键上。这8个键位即基准键位。双手大拇指虚放在空格键上，如图3-7所示。

图3-7　基准键位

（2）指法分区

每个手指除了指定的基准键，还分工有其他键位。蓝色区域键位由小手指负责，红色区域键位由无名指负责，绿色区域键位由中指负责，紫色区域键位由食指负责，空格键由大拇指负责。除大拇指外的其他手指只负责该区域字符输入。如图3-8所示。

食指(右手)　无名指(右手)
中指(右手)　小指(右手)

无名指(左手)　食指(左手)
小指(左手)　中指(左手)　拇指(左右手)

图 3-8　指法分区

（3）击键要求

- 击键时,手指要自然微曲成弧形。
- 击键时,通过手指关节活动的力量敲击键位。
- 击键时,手腕要悬空不要压在键盘上。
- 不击键时,手指不要离开基本键位。
- 击键完毕,手指立即回到基准键位。

🔒 任务实施

1. 主键盘区键位练习

（1）字母键位练习:主要对 26 个字母键位进行练习,如图 3-9 所示。

（2）数字键位练习:主要对数字键位进行练习,如图 3-10 所示。

（3）符号键位练习:主要对常用符号键位进行练习,如图 3-11 所示。

2. 录入英文自我简介

Good morning,my admirable teacher and my dear fellows.My name is XiaoQiu and I'm in my 17 years old.I graduated from the TianTao Middle School,which is one of the best middle schools in my city.Its campus is as beautiful as ours.

My favorite subject is math,because it's a complicated subject that drives a lot of students crazy. But I am a student who likes challenges and I can feel great achievement when I solve a math problem. Besides,I like various extra curricular activities,because they can bring me a colorful life.In my opinion,study is just a part of our life,so that we should not be constrained by it.The most important is that I am happy to be a classmate of you.I hope we can study as well as play together.

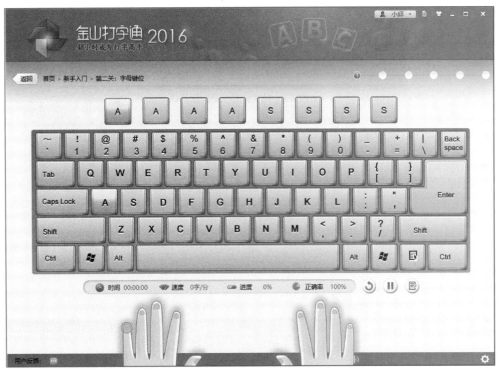

图 3-9　金山打字通字母键位练习界面

图 3-10　金山打字通数字键位练习界面

图 3-11　金山打字通符号键位练习界面

使用文本文档,录入上述英文文章,将完成时间记录在表 3-1 中。

表 3-1　录入完成时间

录入次数	完成时间
第一次录入	分　　秒
第二次录入	分　　秒
平均成绩	分　　秒

 讨论与学习

1. 你知道键盘的键位不按照英文字母顺序设计的原因吗?
2. 你认为应该如何提高英文录入速度和准确率?

巩固与提高

自选一篇英文课文进行录入训练,将完成时间记录在表 3-2 中。

表 3-2　录入完成时间

录入次数	完成时间	
第一次录入	分	秒
第二次录入	分	秒
平均成绩	分	秒

任务 2　录入中文

用计算机编辑中文文章时,首先要将文章中的汉字及各种符号录入计算机,然后进行排版、显示或打印输出。英文文章通常由 26 个字母和各种符号组成,录入相对比较简单。常用汉字有 3 500 个,所以用计算机处理汉字要比处理英文字符困难得多。如何才能快速、准确地进行中文录入呢?

任务情景

小邱在准备参加校学生会竞选。按竞选要求,需提交一份竞选演讲稿电子文档。小邱手写了一份竞选演讲稿,到计算机工作室进行录入。小邱遇到了两个困难:一是如何录入中文,二是如何安装符合自己使用习惯的中文输入法。

知识准备

1. 汉字编码

为了将汉字输入计算机或手机等电子设备,而将汉字拆分为若干个独立单元的规则。

2. 汉字输入法及分类

按一定规则拆分汉字得到的独立编码,使之与键盘上的键位组合,得到输入汉字的方法。根据汉字编码的不同,中文输入法可分为音码、形码和音形码三种类型。

① 音码:又称拼音输入法,它的编码规则源于汉字的拼音。其优点是只要掌握汉字的拼音即可录入汉字,但由于汉字同音字较多,因而重码率较高,降低了汉字录入效率。此外,如果不知道汉字读音,就无法录入汉字。

目前常用的拼音输入法有微软拼音输入法、搜狗拼音输入法和 QQ 拼音输入法等。

② 形码:根据笔画来输入汉字,或以汉字的偏旁部首为基础进行编码。这类编码与汉字读音无关,因而重码率相对较低,是专业人员的首选汉字输入法。

目前常用的形码输入法是五笔输入法。五笔输入法是王永民在 1983 年 8 月发明的一种汉字输入法。常用的有王码五笔输入法、极品五笔输入法等。

　　③ 音形码：吸取了音码和形码的优点，将二者混合使用。这类输入法的特点是输入速度快，适合对打字速度有要求的非专业打字人员使用，相对音码和形码使用人比较少。常见的音形码有自然码输入法、郑码输入法等。

 任务实施

1. 安装中文输入法

Windows 自带了一些中文输入法，如微软拼音输入法。在此基础上，我们还可以安装其他中文输入法。下面以 QQ 拼音输入法为例，介绍输入法的安装，操作步骤如下：

　　① 双击安装图标文件，如图 3-12 所示。

　　② 在安装开始界面，单击"一键安装"按钮，如图 3-13 所示。

图 3-12　输入法的安装 1

图 3-13　输入法的安装 2

　　③ 在安装完成界面，单击"完成"按钮，即成功完成 QQ 拼音输入法的安装，如图 3-14 所示。

图 3-14　输入法的安装 3

　　④ 在"常用"选项卡中设置常规输入风格、常规拼音习惯、每页候选个数等，单击"下一

步"按钮,如图 3-15 所示。

图 3-15 设置输入法基本属性

⑤ 在"皮肤"选项卡中设置皮肤等,单击"下一步"按钮,如图 3-16 所示。

图 3-16 设置输入法皮肤

⑥ 在"表情"选项卡中设置表情等,单击"下一步"按钮,如图 3-17 所示。

图 3-17 设置输入法表情

⑦ 在"词库"选项卡中设置词库,单击"下一步"按钮,如图 3-18 所示。

图 3-18 设置输入法词库

⑧ 在"完成"选项卡中,单击"完成"按钮,如图 3-19 所示。

图 3-19 完成输入法的安装

2. 录入竞选演讲稿

使用文本文档,录入中文文章,将完成时间记录在表 3-3 中。

表 3-3 录入完成时间

录入次数	完成时间
第一次录入	分　　秒
第二次录入	分　　秒
平均成绩	分　　秒

竞选演讲稿

敬爱的老师,亲爱的同学们,大家下午好!

我是高一(3)班的小邱。在这金风送爽的季节,我们迎来了一个新的学年,同时也迎来了学生会、团委会干部的竞选活动。今天,我竞选的是学习部干事。

没有什么不可以超越,也没有什么不能超越。但是最难的就是超越自己!我自信在同学们的帮助下,我能胜任这项工作,正由于这种内驱力,当我走向这个讲台时,我感到信心百倍。

假如我当选了学习部干事,我将与风华正茂的同学们一起,指点江山,发出我们青春的呼喊!我们将努力把学生会建成老师与学生沟通心灵的桥梁,成为师生之间的纽带!

既然是花,我就要开放。既然是树,我就要长成栋梁。既然是石头,我就要去铺出大道。既然是学生会干部,我就要成为一名出色的领头羊!今天你只要投我一票,明天我就给你一百个精彩!

 技能拓展

如果是新安装的输入法,在安装结束后,该输入法一般会出现在语言栏常用输入法列表中,此时无需再进行添加操作。如果计算机中没有自己常用的输入法,可以通过如下步骤来完成输入法的添加。

① 打开"控制面板",选择"时钟、语言和区域"设置,如图3-20所示。

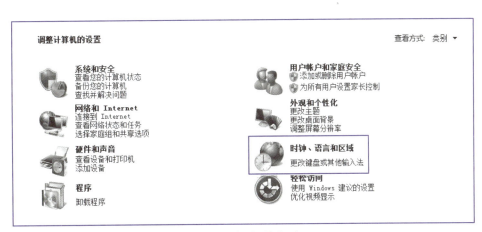

图3-20 添加输入法1

② 在"区域和语言"对话框中,依次选择"键盘和语言"→"更改键盘"→"常规",单击"添加"按钮,如图3-21所示。

③ 在"添加输入语言"对话框中,单击需要添加的输入法,如"微软拼音－简捷2010",单击"确定"按钮,即可完成输入法的添加,如图3-22所示。

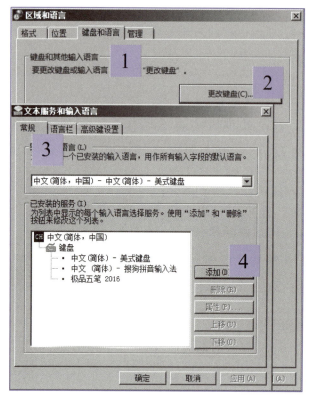

图 3-21　添加输入法 2

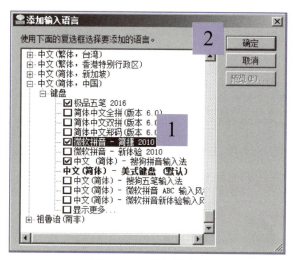

图 3-22　添加输入法 3

讨论与学习

1. 你知道 Windows 系统中常用快捷键都有哪些？

2. 你认为应该如何提高中文录入速度和准确率？

巩固与提高

选择一篇喜爱的经典中文文章，录入文章，将完成时间记录在表 3-4 中。

表 3-4　录入完成时间

录入次数	完成时间
第一次录入	分　　秒
第二次录入	分　　秒
平均成绩	分　　秒

单 元 小 结

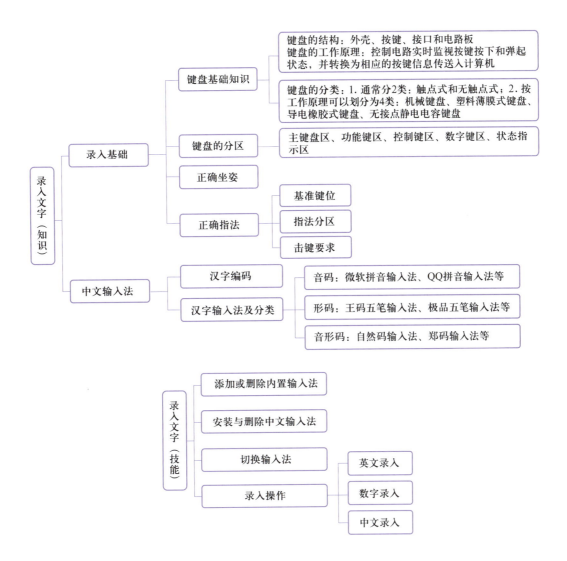

综 合 实 训

通过本单元的学习,你已经基本掌握了文字录入的技能。最后,让我们通过一场文字录入竞赛来结束本单元的学习。全班共同商量,选择一篇包含中文、英文和数字的文章,录入文章,并记录完成时间。

录入次数	完成时间
第一次录入	分　　秒
第二次录入	分　　秒
平均成绩	分　　秒

习题 3

一、填空题

1. 通常根据按键工作原理,键盘可分为_____、_____、_____和无接点静电电容键盘四大类。

2. 键盘中 Tab 键是_____,Tab 是英文 Table 的缩写。

3. 键盘中 Caps Lock 键是_____,Caps Lock 是英文 Capital Lock 的缩写。

4. 在文字处理软件中,_____键是向上翻页键,PageDown 键是向下翻页键。

5. 根据汉字编码的不同,中文输入法可分为_____、_____和音形码三种类型。

二、单项选择题

1. 单击(   ),光标会向右移动一个字符位置。

   A. Space 键　　　　　B. Ctrl 键　　　　　C. Shift 键　　　　　D. Alt 键

2. 单击(   ),在文字处理软件中起等距离移动作用。

   A. Tab 键　　　　　　B. Ctrl 键　　　　　C. Shift 键　　　　　D. Alt 键

3. 下列关于音码描述错误的是(   )。

   A. 又称拼音输入法　　　　　　　　B. 编码规则源于汉字的拼音

   C. 掌握汉字的拼音即可录入汉字　　D. 重码率较低

4. 下列关于形码描述错误的是(   )。

   A. 根据笔画来输入汉字　　　　　　B. 以汉字的偏旁部首为基础进行编码

   C. 五笔输入法是常用的形码输入法　D. 重码率相对较高

5. 正确的击键要求不包括(   )。

   A. 击键时,手指要自然微曲成弧形

   B. 击键时,通过手指关节活动的力量敲击键位

   C. 不击键时,手指可以离开基本键位

   D. 击键完毕,手指立即回到基准键位

6. 键盘中 Tab 键是(   )。

   A. 转换键　　　　　　B. 控制键　　　　　C. 表格键　　　　　D. 空格键

7. 主键盘区上的主要键位,不包括(   )。

   A. Space 键　　　　　B. Backspace 键　　C. Enter 键　　　　　D. Esc 键

8. 功能键区的键位,包括(   )。

   A. Ctrl 键　　　　　　B. Caps Lock 键　　C. Alt 键　　　　　　D. Print Screen 键

9. 主要作用是退出某个程序或撤销当前操作的键位是(   )。

   A. Insert 键　　　　　B. Home 键　　　　　C. End 键　　　　　　D. Esc 键

10. 录入时,正确坐姿不包括(   )。

   A. 全身放松,身体端正,腰部挺直,双脚平踏

   B. 身体正对屏幕,眼睛平视屏幕,保持 30~40 cm 的距离

   C. 手腕必须靠在桌子或键盘上

   D. 椅子高度适中,手肘与键盘平行

三、多项选择题

1. 键盘上的所有键,按照功能可分为(　　　　)和状态指示区,共 5 个区域。

   A. 主键盘区　　　　　B. 功能键区　　　　　C. 控制键区　　　　　D. 数字键区

2. 主键盘区是键盘上最重要的区域,包括(　　　　)及特殊符号键。

   A. 字母键　　　　　B. 数字符号键　　　　　C. 控制键　　　　　D. 标点符号

3. 下列按键在功能键区的是(　　　　)。

   A. Esc 键　　　　　B. Print Screen 键　　　　　C. Scroll Lock 键　　　　　D. Pause Break 键

4. 下列按键在控制键区的是(　　　　)。

   A. Insert 键　　　　　B. Delete 键　　　　　C. Home 键　　　　　D. End 键

5. 音形码吸取了音码和形码的优点,常见的音形码有(　　　　)。

   A. 搜狗输入法　　　　　　　　　　　B. 极品五笔输入法

   C. 郑码输入法　　　　　　　　　　　D. 自然码输入法

四、判断题

1. 当状态指示区 Caps Lock 灯点亮,此时输入英文为小写状态。(　　)

2. 单击空格键,光标会向左移动一个字符位置。(　　)

3. 单击退格键,会删除光标左侧的字符。(　　)

4. Num Lock 键是数字锁定键,作用是用来打开和关闭数字小键盘区。(　　)

5. 正确的录入方法是靠用眼看的"视觉",而不是靠手指的"触觉"。(　　)

6. 通常根据按键工作原理,键盘可分为触点式键盘、无触点式键盘两大类。(　　)

7. 根据汉字编码的不同,中文输入法可分为音码和形码两种类型。(　　)

8. Ctrl 键是转换键,分为左右两个,用以转换大小写或上挡键。(　　)

9. Print Screen 键是打印屏幕键。单击之后,当前屏幕的显示内容就保存在剪贴板中。(　　)

10. Backspace 键和 Delete 键都可以删除字符。(　　)

单元 4
认识操作系统

操作系统是人类利用计算机硬件发挥作用的平台,是计算机软件运行工作的环境,是计算机硬件的翻译。计算机发展到今天,出现了很多种类的操作系统。目前 Windows 操作系统是当前个人计算机的主流操作系统。

学 习 要 点

(1) 理解操作系统的概念及作用;

(2) 了解常见操作系统的类型、功能、特点、使用环境;

(3) 了解 Windows 7 操作系统的特点;

(4) 了解 Windows 7 操作系统的典型安装,掌握 Windows 7 操作系统的启动及关闭方法;

(5) 了解 Windows 7 系统的配置要求;

(6) 理解桌面、图标、菜单,任务栏、工具栏、窗口和对话框快捷方式等概念;

(7) 掌握窗口和对话框的组成、操作方法和区别;

(8) 掌握菜单的基本类型及操作方法;

(9) 掌握工具栏、任务栏的操作方法;

(10) 掌握获得 Windows 7 操作系统"帮助"信息的方法。

工 作 情 景

通过对计算机基础知识的学习,小邱明白了系统软件的功能和意义,那这些功能怎么运用呢？小邱决定更深层次地去体会操作系统的功能并学会使用。

任务 1　初识 Windows

无论是计算机、智能手机还是平板电脑,都离不开操作系统。Windows 是目前使用最广泛的一种操作系统,它以图形化的界面让计算机操作变得直观和容易。Windows 操作系统包括多个版本,其中 Windows 7 以运行稳定、界面美观、功能强大和操作简单等特点受到众多用户的青睐,下面就来学习它的使用方法。

 任务情景

一天,小邱来到计算机工作室,打开计算机,发现计算机屏幕不亮了,上面只有光标在闪烁,熟悉的操作界面不见了,操作键盘和鼠标都没有反应,小邱很着急,赶紧找来老师请教,想知道这是怎么回事。老师告诉他这是因为计算机的操作系统崩溃了,需要重新安装操作系统。

 知识准备

1. 操作系统

操作系统(Operating System,OS)是管理和控制计算机硬件与软件资源的计算机程序,是直接运行在“裸机”上最基本的系统软件,其他软件都是在操作系统的支持下运行。操作系统在计算机系统中的地位如图 4-1 所示。

操作系统为用户提供良好的人机接口,使计算机系统更易使用。通过操作系统能够有效地控制和管理计算机系统中的各种资源。操作系统合理组织计算机系统的工作流程,改善系统性能。

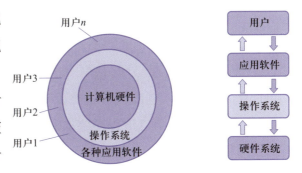

图 4-1　操作系统在计算机系统中的地位

2. 操作系统的主要功能

操作系统的主要功能包括作业管理、文件管理、存储管理、设备管理和进程管理 5 大功能。

（1）作业管理

作业管理的主要任务是根据系统条件和用户需要,对作业的运行进行合理的组织及相应控制。作业管理包括作业调度和作业控制两大功能。

（2）文件管理

文件管理又称信息管理。计算机系统中大量信息以文件形式存放在外存中,以供用户使用。文件管理包含文件存储空间管理、目录管理、文件读/写管理、文件保护和向用户提供接口五大功能。

（3）存储管理

存储管理实质上是对存储空间的管理,它主要是指对内存的管理。存储管理的主要任务是为多道程序的并发运行提供良好环境,便于用户使用存储器,提高存储器的利用率,为尽量多的用户提供足够大的存储空间。存储器管理具有内存分配、内存保护、地址映射和内存扩充的功能。

（4）设备管理

设备管理具有缓冲管理、设备分配、设备处理和虚拟设备功能。

（5）进程管理

进程管理也称处理机管理,对处理机的分配和运行实施有效管理。进程管理具有进程控制、进程同步、进程通信和进程调试的功能。

3. 操作系统的类型

操作系统有多种不同的处理模式,因此存在着各种不同类型的操作系统,大致可以分为以下几种。

（1）批处理系统

批处理系统是先将要处理的数据收集起来,当数据累积到一定程度时,再一次性处理所有的数据。如公司在计算薪资时,都是每个月计算一次。批处理系统适合处理周期性的大笔数据,但不适合处理实时性的数据。

（2）多任务系统

多任务系统可以同时处理多个任务,让CPU始终有任务可做,以提高CPU的利用率。即同时把几个程序放入内存,分时共享一个处理器。CPU先对第一道程序进行处理,当它需要输入输出时,在处理完输入输出请求后便转向第二道程序,此时第一道程序的输入输出操作与第二道程序的处理并行。当第二道程序要求输入输出时,又转向第三道程序,使第三道程序的处理与第一、第二道程序的输入输出操作并行。这种情况下,CPU将经常处于忙状态,效率得以提高。

（3）分时系统

"分时"是指多个用户分享使用同一台计算机或多个程序分时共享硬件和软件资源。分时系统允许多个用户同时共用一台计算机。其工作方式为:一台主机连接了若干个终端,每个终端有一个用户在使用。系统将CPU的时间划分成若干个片段,称为时间片。操作系统以时间片为单位,轮流为每个终端用户服务。每个用户轮流使用一个时间片而使每个用户感知不到其他用户的存在。用户之间彼此独立互不干扰,用户感到计算机只为他所用。例如,ATM自动柜员机就是使用分时系统的典型应用。

（4）实时系统

实时系统有严格的时间限制,也就是说,当系统收到指定的工作后,必须在限定的时间内完成工作,如医学影像系统、雷达侦测系统、飞机导航系统等。

(5) 分布式系统

分布式系统是建立在网络之上的软件系统。它在资源管理、通信控制和操作系统的结构等方面与其他操作系统有较大的区别。由于分布式系统的资源分布于系统的不同计算机上,操作系统对用户的资源需求不能同一般的操作系统一样——等待有资源时直接分配,而是搜索系统的各台计算机,找到所需资源后才可以进行分配。如果资源有多个副本文件,还必须考虑一致性。为了保证一致性,操作系统必须控制文件的读、写操作。分布式系统具有资源共享、高速计算等优点。

(6) 网络操作系统

网络操作系统是向网络中计算机提供服务的特殊操作系统。除了具备操作系统的五个主要功能外,还具有高效、可靠的网络通信能力和多种网络服务能力。网络用户只有通过网络操作系统才能享受网络所提供的各种服务。常见的网络操作系统有 UNIX、Windows Server、NetWare 和 Linux 等。

4. 主流操作系统

目前主流的操作系统有 Windows 系统、UNIX 系统、Linux 系统、NetWare 系统等。

(1) Windows 操作系统

Windows 操作系统是美国微软公司研发的一套视窗操作系统,它问世于 1985 年,起初仅仅是 MS-DOS 模拟环境,后续的系统版本由微软公司不断地更新升级,Windows 操作系统易用,是目前应用最广泛的操作系统,最新的版本是 Windows 10 和 Windows Server 2019。

(2) UNIX 操作系统

UNIX 系统是 1969 年在贝尔实验室诞生,最初在中小型计算机上运用。最早移植到 80286 微机上的 UNIX 系统,称为 Xenix。Xenix 系统的特点是短小精悍,系统开销小,运行速度快。UNIX 为用户提供了一个分时的系统以控制计算机的活动和资源,并且提供一个交互、灵活的操作界面。UNIX 被设计成为能够同时运行多进程,支持用户之间共享数据。

(3) Linux 操作系统

Linux 是一种自由和开放源码的类 UNIX 操作系统,存在着许多不同的 Linux 版本,但它们都使用了 Linux 内核。Linux 可安装在各种计算机硬件设备中,如手机、平板电脑、路由器、视频游戏控制台、台式计算机、大型计算机和超级计算机。

(4) NetWare 操作系统

NetWare 是 NOVELL 公司推出的网络操作系统。NetWare 最重要的特征是基于基本模块设计思想的开放式系统结构。NetWare 是一个开放的网络服务器平台,可以方便地对其进行扩充。

(5) 其他操作系统

美国苹果公司为 Macintosh 计算机设计了 Mac 操作系统,针对 iPhone、iPod touch、iPad 设

计了 iOS,iOS 与 MacOS 都基于 UNIX。

　　安卓(Android)是一种基于 Linux 内核的自由及开放源代码的操作系统,主要使用于移动设备。

　　鸿蒙 OS 是我国华为公司开发的操作系统,一款基于微内核的面向全场景的分布式操作系统,适合手机、平板电脑、智能电视、智能汽车和智能穿戴设备等多终端设备使用。

5. Windows 7 简介

　　Windows 7 是由微软公司开发的操作系统。与 Windows Vista 一脉相承,继承了包括 Aero 风格等多项功能,并且在此基础上增加了一些功能。

　　(1) Windows 7 常用版本

　　Windows 7 可供选择的版本有:入门版(Starter)、家庭普通版(Home Basic)、家庭高级版(Home Premium)、专业版(Professional)、企业版(Enterprise)、旗舰版(Ultimate)。

　　(2) Windows 7 的特点

　　① 更快、响应性更强的性能。

　　② 改进的任务栏和全屏预览。

　　③ 更适合便携式计算机。

　　④ 跳转列表,更快速地找到最近使用的文件。

　　⑤ 借助改进的搜索,更快地查找更多的内容。

　　⑥ 更易于使用 Windows 的方式。

　　⑦ 更好的设备管理。

　　(3) Windows 7 硬件系统要求

　　Windows 7 硬件系统要求见表 4-1。

表 4-1　Windows 7 硬件系统要求

硬件	要求
CPU	1 GHz 及以上 32 位或 64 位处理器
内存	基于 32 位 1 GB(64 位 2 GB)以上内存
硬盘	基于 32 位 16 GB(64 位 20 GB)以上可用硬盘空间
显卡	附带有 WDDM 1.0 或更高版本的驱动程序的 DirectX 9 的图形设备
其他	DVD-R/RW 驱动器或 U 盘等其他存储介质

 任务实施

1. 安装 Windows 7 系统

　　Windows 7 可以用光盘、U 盘和硬盘三种方式进行安装。例如,使用光盘安装 Windows 7

旗舰版,安装步骤如下:

① 开机进入 BIOS,设置光驱优先启动,如图 4-2 所示。

② 插入 Windows 7 安装光盘,重启计算机。

③ 选择安装的语言和其他设置,单击"下一步"按钮,选择"现在安装",如图 4-3 所示。

④ 勾选"我接受许可条款",单击"下一步"按钮,如图 4-4 所示。

⑤ 如果选择"自定义",选择安装盘符,单击"下一步"按钮;如果当前系统为 Windows XP/Vista,则可选择"升级"安装,如图 4-5 所示。

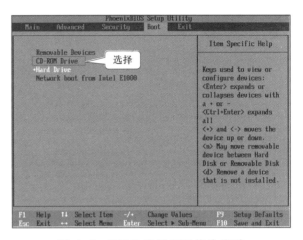

图 4-2　BIOS 设置光驱优先启动

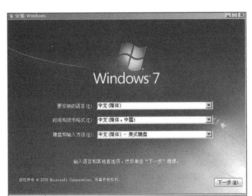 

图 4-3　选择安装的语言和其他设置,选择现在安装

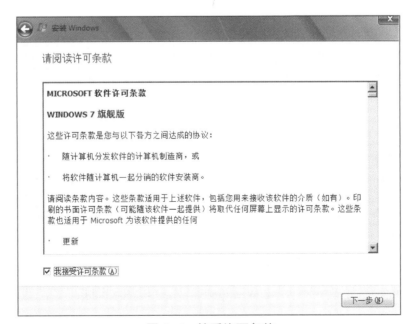

图 4-4　接受许可条款

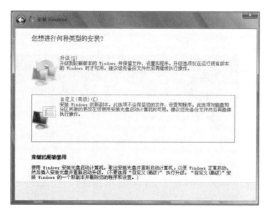

图 4-5　选择安装类型

⑥ 安装程序自动复制、展开 Windows 文件,安装功能、更新,直至完成安装,如图 4-6 所示。

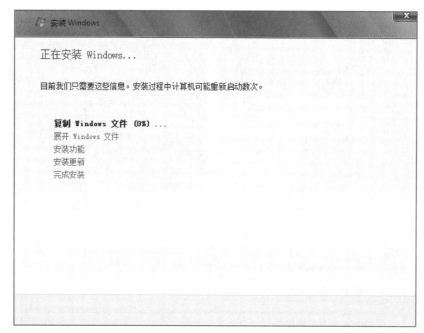

图 4-6　自动安装 Windows

⑦ 进行系统设置,输入用户名、密码,输入产品序列号,设置系统日期、时间等。

2. 启动和关闭 Windows 7

（1）启动 Windows 7

打开计算机电源开关,系统进行 BIOS 自检,如果设备正常,系统将进入正常启动模式,直至启动成功。

例如,使用最近一次正确配置启动 Windows 7,则开机启动时按"F8"键打开 Windows 7 高级启动选项,选择"最近一次的正确配置（高级）",如图 4-7 所示。

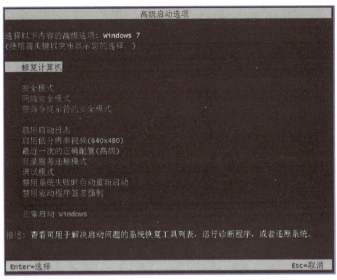

图 4-7　Windows 7 高级启动选项

（2）关闭 Windows 7

Windows 7 的关机方法如图 4-8 所示，单击"开始"按钮，选择"开始"菜单中的"关机"命令，Windows 7 将关闭所有程序，整理文件系统，关闭电源。

图 4-8　Windows 7 的关机方法

Windows 7 还提供了其他关闭方式，见表 4-2。

表 4-2　关闭 Windows 7 的其他方式

关闭方式	作用
切换用户	锁定原用户会话状态，返回用户登录界面，选择其他用户登录
重新启动	关闭所有程序，整理文件系统后，重新启动计算机
注销	关闭当前用户打开的所有程序，返回用户登录界面
睡眠	将用户睡眠前状态保存到内存中，系统处于低耗电状态，按任意键可以快速唤醒
休眠	将用户休眠前的状态保存到硬盘中，关闭 Windows，唤醒时返回休眠前状态

技能拓展

1. 安全模式

安全模式是 Windows 操作系统中的一种特殊模式。安全模式是在不加载第三方设备驱动程序的情况下启动计算机,使计算机运行在最小系统模式。在开机后按"F8"键,打开 Windows 高级启动选项,选择"安全模式",系统启动进入 Windows 的安全模式。

> **提示**
>
> 在 Windows 7 的安全模式下,用户可以修复系统故障、恢复系统配置、删除顽固文件、彻底清除病毒和磁盘碎片整理等。

2. 帮助与支持

Windows 7 是一个庞大的操作系统,用户不可能记住它所有的细节。为了使用户能够更便利地使用系统,Windows 7 提供了大量的帮助信息,既有一些简单的工具提示,也有完整的联机帮助系统,供用户随时调用和查阅。

许多 Windows 窗口菜单栏中都有"帮助"菜单或"帮助"按钮，单击"帮助"菜单中的"查看帮助"命令或单击"帮助"按钮可以打开"Windows 帮助和支持",显示针对当前程序的帮助信息,也可选择"帮助和支持主页""浏览帮助"和搜索需要的帮助,获取脱机或联机帮助。通常情况下,按"F1"键也可以打开 Windows 的"帮助和支持",否则按"Windows"+"F1"组合键。

3. 工具提示

在 Windows 7 中,最简单的帮助就是"工具提示",当鼠标指针停留在某一对象上数秒钟后,系统会出现一个该对象的简短说明,让用户明白该对象是做什么的。

讨论与学习

1. 小组探讨操作系统的发展历程。
2. 了解 Windows 7 高级选项菜单中各启动选项的含义。

巩固与提高

1. 观察 Windows 提供的关机、切换用户、注销、锁定、重新启动、睡眠和休眠的区别。
2. 思考常见操作系统的功能、特点、使用环境。

任务 2　简单操作 Windows

 任务情景

小邱已经熟悉了 Windows 7 操作系统的功能、特点以及配置要求,也尝试成功安装了 Windows 7 操作系统。计算机启动成功后,桌面上各种图形、窗口该如何使用呢?

 知识准备

1. 桌面

Windows 7 启动成功后的整个屏幕称为桌面,桌面占据了整个屏幕的区域,如同一个实际的办公桌,除了放置系统自带的系统图标外,还可以放置常用的应用程序图标和文档图标,使用户能更加快捷和方便地进入工作环境。桌面实质是一个文件夹 "C:\Uesrs\ 当前用户名 \Desktop"。一般情况下,Windows 7 的桌面通常由桌面背景、任务栏和图标三部分组成,如图 4-9 所示。

图 4-9　Windows 7 桌面组成

2. 图标

图标是文件、文件夹、程序或快捷方式等的图形化表示。首次启动 Windows 7 时,桌面默认有"回收站"图标。根据图标的不同作用,可以将图标分为系统图标、应用程序图标、文件图标和快捷方式图标。Windows 7 的系统图标如"计算机""网络""回收站"等;应用程序图标如"Internet Explorer";文件图标和文件夹图标表示对应的文件或文件夹;快捷方式图标指向某个程序或对象。

3. 任务栏

任务栏是位于屏幕底部的水平长条。任务栏由"开始"按钮、中间部分和通知区域组成,如图 4-10 所示。单击"开始"按钮打开"开始"菜单。中间部分显示可以快速打开的应用程序和已打开的程序和文件,并可以快速切换任务,实现窗口最小化和最大化,查看已打开窗口的预览。通知区域包括时钟以及一些告知特定程序和计算机设置状态的图标。

图 4-10　任务栏

4. 菜单

菜单是 Windows 7 系统中用户与应用程序之间进行交互的主要方式。菜单中几乎包含了窗口操作的全部命令,它是一组相关命令的集合,一般有三种形式:"开始"菜单、下拉菜单和快捷菜单,如图 4-11 所示。

Windows 7 菜单命令有多种显示形式,不同显示形式代表不同的含义。

① 菜单命令呈灰色:表示该菜单命令当前不可用。

② 菜单分组:一个或连续多个菜单命令用一条水平线分隔,表示一个菜单分组。

③ 复选菜单:菜单命令前有"√"标记,表示该菜单命令被选中。单击该项,即去除"√"标记,表示取消选择该菜单命令,这种菜单项可在两种状态之间切换选择。

④ 单选菜单:菜单命令前有"●"标记,表示该菜单命令属于单选菜单分组且当前菜单命令选中。

⑤ 级联菜单:菜单命令中有"▶"标记,表示该菜单项有一个子菜单。

⑥ 菜单命令中有"…":表示执行该菜单命令将打开一个对话框。

⑦ 组合键(又称快捷键):直接按该组合键,便能执行相应的菜单命令。

⑧ 热键:菜单命令带一个字母,可用"Alt"+字母键执行该菜单命令。

5. 工具栏

工具栏主要出现在窗口和任务栏中。Windows 7 窗口中的工具栏会根据不同的选中对象,出现相应的操作项,通过工具栏可以快速实现操作。任务栏中的工具栏可以通过设置提供地址、链接、桌面、语言栏等工具。

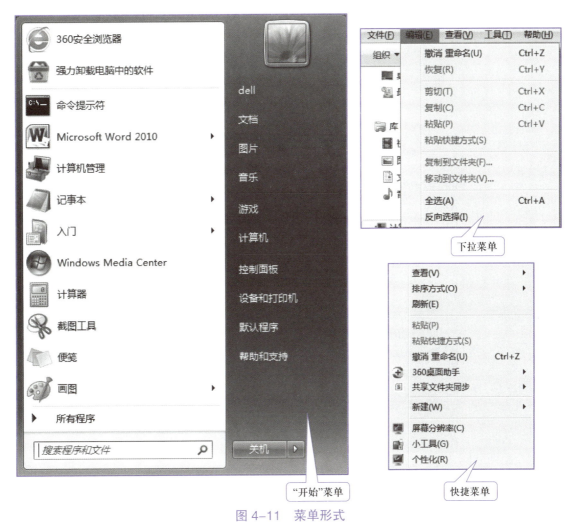

图 4-11　菜单形式

6. 窗口

Windows 7 程序都以窗口的形式呈现,一个窗口代表着一个正在运行的程序。窗口一般由标题栏、菜单栏、工作区、状态栏和边框等部分组成。

Windows 7 是一个多任务操作系统,可以运行多个程序,打开多个不同的窗口,但只有一个窗口的标题栏是加亮显示且不被其他窗口所遮挡,称之为活动窗口。

7. 对话框

对话框是 Windows 中的一种特殊窗口,由标题栏和不同的元素组成,用户可以从对话框中获取信息,系统也可以通过对话框获取用户的信息,实现人机交互。

对话框中的可操作元素主要包括命令按钮、选项卡、单选按钮、复选框、文本框、下拉列表框和数值框等,但并不是所有的对话框都包含以上所有元素。对话框组成元素如图 4-12

所示。

Windows 7 对话框中常见元素及功能见表 4-3。

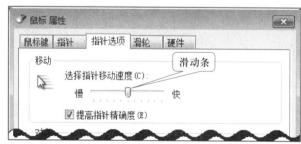

图 4-12　对话框组成元素

表 4-3　Windows 7 对话框常见元素及功能

元素名称	作用
文本框	主要用来接收用户输入的信息,以便正确完成对话框的操作
单选按钮	每次只能选择单选按钮组中一个项目,被选中的圆圈中将会有个点
复选框	可根据需要选择其中的一个或几个选项
列表框	在对话框里以矩形框形状显示,里面列出多个选项以供用户选择
命令按钮	单击命令按钮可以完成该按钮上所显示的命令功能
增量框	可以在增量框中输入数值,也可以利用增减按钮来增减数值
滑动条	可以移动滑块位置估计数值的相对大小
"帮助"按钮	单击"帮助"按钮可以打开帮助信息

提 示

1. 列表框分为普通列表框、下拉列表框和组合列表框三种。

2. "确定"按钮保存当前对话框的设置并关闭对话框;"取消"按钮放弃当前设置并关闭对话框;"应用"按钮是在不关闭当前对话框的情况下使对话框中设置生效。

8. "开始"菜单

"开始"菜单是计算机程序、文件夹和设置的主门户。"开始"菜单由用户标识、固定项目列表、常用程序列表、"所有程序"菜单、"程序和文件"搜索框和"关机"按钮等组成,如图 4-13 所示。

图 4-13　"开始"菜单组成

9. 快捷方式

快捷方式是一个指向指定资源的指针,可以快速地打开文件、文件夹或启动应用程序,用户不必跳转到该文件或文件夹的存储位置,就可以打开文件或文件夹,减少了用户的操作步骤,提高了工作效率。快捷方式实际提供了某个文件的链接,扩展名为".lnk"。

 任务实施

1. 操作"开始"菜单

(1) 使用"开始"菜单

通过"开始"菜单启动"记事本"。单击"开始"按钮,选择"所有程序",再选择"附件"中的"记事本"命令,即可启动记事本程序。

 提 示

"开始"菜单还可以通过按键盘上 Windows 徽标键(⊞)或使用"Ctrl+Esc"组合键打开。

(2) 自定义"开始"菜单

将"开始"菜单中"控制面板"显示为菜单。右击"开始"按钮(⊙),选择快捷菜单中的"属性"命令,打开"任务栏和「开始」菜单属性"对话框的"「开始」菜单"选项卡,单击"自定义"按钮,在"自定义「开始」菜单"对话框中选择控制面板"显示为菜单"项,单击"确定"按钮即可,如图 4-14 所示。

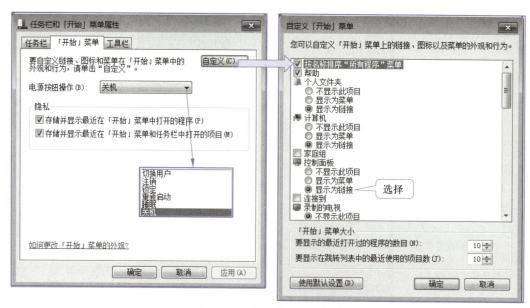

图 4-14　设置"开始"菜单

2. 操作任务栏

右击"任务栏"空白位置,选择快捷菜单中的"属性"命令,打开"任务栏和「开始」菜单属性"对话框的"任务栏"选项卡,如图 4-15 所示。

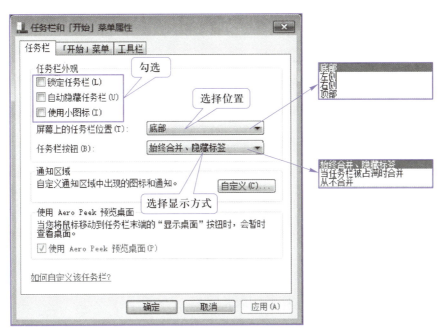

图 4-15　设置任务栏

(1) 设置任务栏外观

将任务栏外观设置为"锁定任务栏""自动隐藏任务栏"和"使用小图标"。在"屏幕上的任务栏位置"处,选择"右侧"即可。

(2) 调整任务栏大小

在任务栏非锁定状态下改变任务栏大小,将鼠标光标指向任务栏靠近屏幕中心一侧边缘,出现双向箭头时,按住鼠标左键拖动即可以改变任务栏的大小,任务栏最大可达屏幕的一半。

3. 操作窗口

(1) 移动窗口

将"计算机"窗口移动到屏幕右侧,将鼠标光标移到"计算机"窗口的标题栏,按住鼠标左键拖动窗口到屏幕右侧,松开鼠标左键即可。

(2) 改变窗口大小

改变"计算机"窗口大小,可以用下列操作之一:

• 将鼠标光标指向"计算机"窗口边框或边角,鼠标指针变成双向箭头时,按住鼠标左键拖动直至需要的大小,松开鼠标左键。

• 单击"计算机"窗口标题栏右侧的"最大化"或"向下还原""最小化"按钮。

• 鼠标光标指向"计算机"窗口标题栏,按住鼠标左键,将"计算机"窗口拖动到屏幕顶部时将可最大化,拖动到最左侧时窗口占据左半屏,拖动到最右侧时窗口占据右半屏。

(3) 切换活动窗口

桌面上有"计算机"窗口、"控制面板"窗口和"记事本"窗口,活动窗口为"记事本"窗口,如果要将"计算机"窗口切换为活动窗口,可以用下列操作之一:

• 单击"计算机"窗口未被遮挡部分。

• 单击任务栏上"计算机"任务按钮。

• 使用"Alt+Tab"或"Alt+Esc"组合键,在 Aero 效果下还可以用"Windows 徽标"+"Tab"组合键实现 3D 效果切换到"计算机"窗口。

(4) 排列窗口

桌面上有"计算机"窗口、"控制面板"窗口和"记事本"窗口时,默认层叠窗口。如果要并排显示窗口,则右击任务栏空白位置,选择"并排显示窗口"即可。

(5) 关闭窗口

要关闭"记事本"窗口,可以使用下列操作之一:

• 单击"记事本"窗口右侧的"关闭"按钮()。

• 双击"记事本"窗口标题栏最左侧控制图标🔲或按"Alt+Space+C"组合键。

• 执行"文件"菜单中的"退出"命令。

• 使用"Alt+F4"组合键。

• 使用 Windows 任务管理器结束"notepad.exe"进程。

> **提示**
>
> Windows 命令提示符窗口还可以用"EXIT"命令关闭,但不能用"Alt+F4"组合键关闭。

4. 管理桌面图标

(1) 更改系统图标

Windows 7 安装成功后,系统默认只有"回收站"图标。如果要在桌面上显示"控制面板"图标,则右击桌面空白位置,选择快捷菜单中的"个性化"命令,如图 4-16 所示,在"个性化"窗口中,单击"更改桌面图标",在"桌面图标设置"对话框中勾选"控制面板",再单击"确定"按钮,桌面上便显示出"控制面板"图标。

(2) 更改桌面图标查看方式

Windows 提供了多种图标查看方式,如要将桌面上图标显示为"中等图标",则右击桌面空白位置,在快捷菜单中选择"查看"命令,选中"中等图标"即可,如图 4-17 所示。

图 4-16　更改系统图标

提 示

　　如果在"桌面图标设置"对话框中取消桌面图标选中状态并单击"确定"按钮,则桌面将不显示该图标。如果右击桌面上除"回收站"以外的系统图标,执行快捷菜单中的"删除"命令,桌面上将不显示该系统图标。

（3）排列桌面图标

　　用户可通过鼠标拖动图标的方式手工排列图标,也可以自动排列图标。例如,将桌面图标按修改日期排序,则右击桌面空白位置,选择"排序方式"→"修改日期"命令即可,如图 4-18所示。

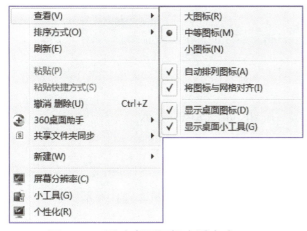

图 4-17　更改桌面图标查看方式

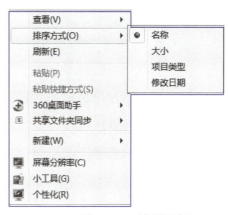

图 4-18　排列图标

技能拓展

1. 创建桌面快捷方式

桌面快捷方式可以快速启动应用程序或打开位置。例如,创建"记事本"程序的桌面快捷方式,创建方法如下:

(1) 使用创建快捷方式向导

① 右击桌面空白位置,指向快捷菜单中的"新建",然后单击"快捷方式";

② 输入或通过"浏览"选择创建快捷方式对象位置"C:\Windows\System32\notepad.exe",单击"下一步"按钮,如图 4-19 所示;

图 4-19 创建快捷方式向导——输入或选择对象位置

③ 输入快捷方式名称"记事本",单击"完成"按钮,如图 4-20所示。

(2) 发送桌面快捷方式

双击桌面"计算机"图标,打开"计算机"窗口,打开"C:\Windows\System32"文件夹,右击"notepad.exe"文件图标,选择"发送到"→"桌面快捷方式"命令,如图 4-21 所示。

图 4-20　创建快捷方式向导——输入快捷方式名称

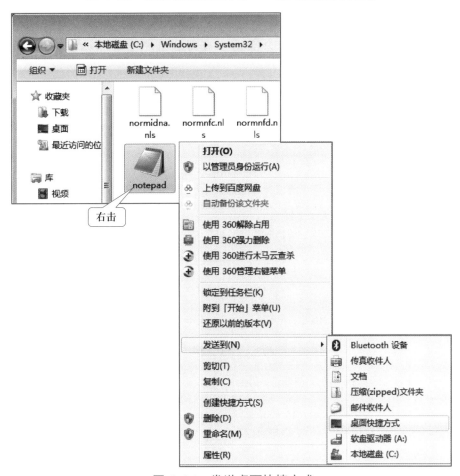

图 4-21　发送桌面快捷方式

2. 使用鼠标

鼠标是计算机最常用的输入设备,使用它可以为用户操作计算机提供方便。常用鼠标操作含义见表4-4。

表4-4   常用鼠标操作含义

动作	含义
指向	移动鼠标,将指针移动到某一对象上,如指向文件名或某个图标
单击	指向屏幕上的某个对象,然后按下鼠标左键并快速松开。一般用于选择一个对象
右击	指向屏幕上的某个对象,然后按下鼠标右键并快速松开。右击操作可以打开快捷菜单
双击	指向屏幕上的某个对象,然后快速连续按下鼠标左键两次。双击操作可以打开某个文件或执行一项任务
拖动	指向屏幕上的某个对象,按住鼠标左键的同时移动到另一个位置松开。拖动操作可以实现移动或复制文件等
滚动	使用鼠标滚轮,在窗口中可以上下、左右滚动,相当于使用滚动条

3. 常用快捷键的使用

使用键盘上某一个或某几个键的组合完成一条功能命令,从而达到提高计算机操作速度的目的。常用快捷键见表4-5。

表4-5   常用快捷键

快捷键	功能	快捷键	功能
F1	获得帮助	Alt+ 空格键	显示当前窗口的"系统"菜单
F2	重命名	Alt+Enter	查看对象属性
F4	显示"计算机"窗口"地址"栏列表	Alt+ 菜单名中带下划线的字母	显示相应的菜单
F5	刷新当前窗口	Ctrl+Esc	显示"开始"菜单
F10	激活当前程序中的菜单栏	Alt+Tab	打开项目之间的切换
Esc	取消当前任务	Alt+F4	关闭或退出活动项目
Backspace	在"计算机"窗口查看上一层文件夹	Ctrl+Shift+Esc	打开任务管理器
左箭头键	打开左边的下一级菜单或者关闭子菜单	右箭头键	打开右边的下一级菜单或者打开子菜单

讨论与学习

1. 尝试激活窗口菜单栏、打开控制菜单和快捷菜单。

2. 窗口和对话框的区别。

巩固与提高

1. 将任务栏设置为自动隐藏且显示在屏幕右侧。

2. 通过"开始"菜单启动"计算器"程序。

3. 打开"计算机"窗口,完成窗口的移动、改变窗口的大小、窗口最大化、窗口最小化以及窗口关闭等操作。

单 元 小 结

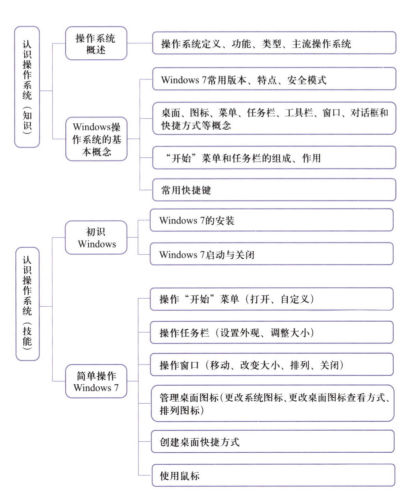

综合实训

一、在笔记本电脑上安装 Windows 7 旗舰版操作系统

二、Windows 7 简单设置

1. 使用"开始"菜单启动"记事本";

2. 在桌面上显示"计算机""网络""回收站""用户文件夹"和"控制面板"图标;

3. 在"开始"菜单中显示"运行"菜单命令,将跳转列表中最近使用的项目数设为 15;

4. 将任务栏显示在桌面的顶部,并自动隐藏任务栏;将语言工具栏显示到任务栏中;

5. 打开"计算机""回收站"和"控制面板"窗口,将窗口按并排显示窗口方式进行排列;关闭"回收站"窗口,将"计算机"窗口大小改变为现在高度的一半。

习题 4

一、填空题

1. 操作系统的主要功能包括作业管理、_____、_____、_____和进程管理 5 大功能。

2. 在计算机启动时,按_____键可以打开 Windows 高级启动选项。

3. Windows 7 的桌面通常由桌面背景、_____和图标组成。

4. Windows 7 安装成功后,首次启动,桌面上只有_____图标。

5. 菜单命令带一个字母称为热键,可用_____+ 字母执行该菜单命令。

6. Windows 7 提供了关机、_____、_____、_____、睡眠和休眠 6 种关闭方式。

7. Windows 7 提供了_____、计算机、网络、用户文件夹和控制面板 5 个桌面系统图标。

8. Windows 7 的菜单一般有三种形式,即"开始"菜单、_____和_____。

9. Windows 7 桌面图标的默认查看方式为_____。

10. Windows 7 的任务栏可以位于屏幕的_____、顶部、左侧和右侧。

二、单项选择题

1. 安装 Windows 7 旗舰版,CPU 的主频最低要求为(   )GHz 以上。

    A. 0.8   B. 1   C. 2   D. 3

2. 在关闭 Windows 中,选择(   )时,系统关闭当前用户打开的所有程序,返回用户登录界面。

    A. 关机   B. 重新启动   C. 注销   D. 睡眠

3. Windows 7 启动的(   )模式主要用于修复系统故障、恢复系统配置、删除顽固文件、彻底清除病毒和磁盘碎片整理。

    A. 正常   B. VGA

    C. 安全模式   D. 最近一次正确配置

4. 在 Windows 7 下,鼠标(　　)可以打开对象。

    A. 单击　　　　　　　　B. 双击　　　　　　　　C. 拖动　　　　　　　　D. 右击

5. 下列关于任务栏的说法中,不正确的是(　　)。

    A. 可以改变任务栏的大小　　　　　　　　B. 可以使用任务栏切换活动窗口

    C. 可以通过任务栏查看窗口缩略图　　　　D. 可以通过任务栏移动窗口

6. Windows 中的窗口和对话框相比较,窗口可移动和改变大小,而对话框一般可以(　　)。

    A. 不能移动,也不能改变大小　　　　　　B. 可以移动,不能改变大小

    C. 可以改变大小,不能移动　　　　　　　D. 既能移动,也能改变大小

7. 在 Windows 环境下,要在不同的窗口之间进行切换,应按(　　)组合键。

    A. "Ctrl+Shift"　　　　　　　　　　　B. "Ctrl+Tab"

    C. "Alt+Tab"　　　　　　　　　　　　D. "Alt+Shift"

8. 下列软件中,(　　)不是系统软件。

    A. Windows 10　　　B. UNIX　　　　　C. 鸿蒙 OS　　　　　D. Office 2010

9. 在 Windows 环境下,通常按(　　)键可以打开帮助系统。

    A. "F1"　　　　　　B. "F2"　　　　　　C. "F3"　　　　　　D. "Help"

10. Windows 7 启动成功后的整个屏幕称为(　　)。

    A. 桌面　　　　　　B. 桌面背景　　　　C. 任务栏　　　　　D. 图标

11. (　　)组合键可用于打开窗口的控制菜单。

    A. "Ctrl+Shift"　　　　　　　　　　　B. "Ctrl+ 空格"

    C. "Alt+ 空格"　　　　　　　　　　　D. "Alt+Shift"

12. 在 Windows 7 下,如果要移动窗口,可以将鼠标指针移动到窗口的(　　)上,按住鼠标左键拖动。

    A. 标题栏　　　　　B. 菜单栏　　　　　C. 状态栏　　　　　D. 工具栏

13. 在 Windows 7 下,按(　　)键显示或隐藏"计算机"窗口的菜单栏。

    A. "Ctrl"　　　　　B. "空格"　　　　　C. "Alt"　　　　　　D. "Shift"

14. 在 Windows 7 下,"开始"菜单的跳转列表中默认显示(　　)个用户最近编辑过的文档。

    A. 10　　　　　　　B. 15　　　　　　　C. 30　　　　　　　D. 60

15. 在 Windows 7 下,"开始"菜单中默认没有(　　)项目。

    A. 搜索程序和文件框　　　　　　　　　　B. 所有程序

    C. 运行　　　　　　　　　　　　　　　　D. 设备和打印机

三、多项选择题

1. Windows 7 的"开始"菜单中电源按钮可以设置为(　　　)。

    A. 切换用户　　　　B. 重新启动　　　　C. 注销　　　　　　D. 休眠

2. 在 Windows 7 下,(　　　)可以打开"开始"菜单。

    A. 按 Windows 徽标键　　　　　　　　　B. "Ctrl+Esc"组合键

    C. "Alt+Esc"组合键　　　　　　　　　　D. 单击"开始"按钮(🔵)

3. 通常情况下,(　　　)操作可以关闭 Windows 7 下的窗口。

    A. 单击窗口的关闭按钮　　　　　　　　　B. 双击窗口的控制图标

    C. 执行"文件"菜单中的"关闭"　　　　　D. "Alt+F4"

4. 在 Windows 7 桌面上,(   )是系统图标。

    A. 计算机　　　　　　　B. 网络　　　　　　　C. Internet Explorer　　　D. 回收站

5. (   )属于 Windows 7 的图标排列方式。

    A. 名称　　　　　　　　B. 内容　　　　　　　C. 大小　　　　　　　D. 修改日期

四、判断题

1. 目前,微型计算机只能安装 Windows 系列操作系统。(   )

2. 操作系统既是用户和计算机的接口,也是硬件和软件的接口。(   )

3. 在 Windows 7 中,如果命令是灰色的,那么表示该命令当前不能使用。(   )

4. 用户使用快捷菜单不能删除桌面上的"回收站"和"计算机"两个图标。(   )

5. Windows 7 下的所有窗口均能用"Alt+F4"组合键关闭。(   )

6. 用户可以改变 Windows 7 任务栏的位置。(   )

7. Windows 7 的"开始"菜单中默认要显示当前登录的用户名,单击将打开该用户的个人文件夹。(   )

8. 当语言工具栏最小化时,将在任务栏中显示。(   )

9. 对话框属于特殊窗口,都可以最小化和最大化。(   )

10. Windows 7 可以通过复制文件,粘贴快捷方式来创建桌面快捷方式。(   )

单元 5
管理 Windows 资源

随着存储技术的发展,硬盘容量越来越大,Windows 系统中包含的内容也越来越多,越来越复杂,对其进行组织管理变得越来越困难。Windows 7 系统提供了搜索功能,将多个位置合并成虚拟文件夹,并根据自己的需求对文件进行筛选、排序和分组等。其中的文件就是 Windows 7 中最重要的资源,在实际操作中几乎所有的工作都涉及文件操作,如文件创建、打开、编辑、保存等,如何有效组织,简化操作,高效管理文件和文件夹,就需要掌握 Windows 资源管理器这个必备工具。

学 习 要 点

(1) 理解文件和文件夹的概念与作用;
(2) 了解文件和文件夹的命名规则;
(3) 了解常见文件类型扩展名;
(4) 能运用文件夹等对信息资源进行操作管理。

工 作 情 景

为了让学生充分了解 Windows 7 对资源的管理,计算机工作室的指导教师准备了两个实践任务让同学们对 Windows 资源进行认识和管理。通过实践任务,同学们知道如果要高效管理好这些 Windows 资源,应当使用 Windows 资源管理器,并熟练掌握其使用方法,这样既可提高管理资源效率,又可避免一些无效的操作。

任务 1　使用资源管理器

资源管理器是 Windows 系统提供的资源管理工具,用户可使用它查看计算机中的所有资源,特别是它提供的树状文件系统结构,能够让使用者更清楚、更直观地认识计算机中的文件和文件夹。Windows 7 的资源管理器以新界面、新功能带给我们新的体验。

 任务情景

小邱同学在学习了 Windows 的基本界面后,想进一步查看 Windows 资源,高效地操作 Windows 资源,对数据进行合理布局,特地向工作室指导教师请教有没有什么好的方法,指导教师说必须首先对资源管理器有一个比较全面的认识。

 知识准备

Windows 资源管理器

Windows 资源管理器是 Windows 中的一个实用程序,用来对存储在计算机上的文件进行组织和管理。它显示了计算机上的文件、文件夹和驱动器的分层结构。同时显示了映射到计算机上的驱动器号的所有网络驱动器名称。使用 Windows 资源管理器,可以复制、移动、重新命名以及搜索文件和文件夹等。

Windows 资源管理器的窗口组成,如图 5-1 所示。各部件的功能见表 5-1。

图 5-1　Windows 资源管理器

表 5-1　Windows 资源管理器窗口组成及功能

窗口部件	功能
① "后退"和"前进"按钮	使用"后退"按钮和"前进"按钮可以导航至已打开的其他文件夹或库,而无需关闭当前窗口。这些按钮可与地址栏一起使用;例如,使用地址栏更改文件夹后,可以使用"后退"按钮返回到上一文件夹
② 菜单栏	提供了众多的操作命令。该项默认是隐藏的
③ 工具栏	使用工具栏可以执行一些常见任务,如更改文件和文件夹的外观、将文件刻录到 CD 或启动数字图片的幻灯片放映。工具栏的按钮可更改为仅显示相关的任务。例如,如果单击图片文件,则工具栏显示的按钮与单击音乐文件时不同
④ 地址栏	使用地址栏可以导航至不同的文件夹或库,或返回上一文件夹或库
⑤ 列标题	使用列标题可以更改文件列表中文件的整理方式。例如,单击列标题的左侧以更改显示文件和文件夹的顺序,也可以单击右侧以采用不同的方法筛选文件。只有在"详细信息"视图中才有列标题
⑥ 文件列表	显示当前文件夹或库内容的位置。如果在搜索框中输入内容来查找文件,则仅显示与当前视图相匹配的文件(包括子文件夹中的文件)
⑦ 搜索框	在搜索框中输入词或短语可查找当前文件夹或库中的项目。一开始输入内容,搜索就开始了。因此,例如,当输入"B"时,所有名称以字母 B 开头的文件都将显示在文件列表中
⑧ 导航窗格	使用导航窗格可以访问库、文件夹、保存的搜索结果,甚至可以访问整个硬盘。使用"收藏夹"部分可以打开最常用的文件夹和搜索;使用"库"部分可以访问库。还可以使用"计算机"文件夹浏览文件夹和子文件夹
⑨ 预览窗格	使用预览窗格可以查看大多数文件的内容。例如,如果选择电子邮件、文本文件或图片,则无须在程序中打开即可查看其内容。如果看不到预览窗格,可以单击工具栏中的"预览窗格"按钮打开预览窗格
⑩ 细节窗格	使用细节窗格可以查看与选中文件关联的最常见属性。文件属性是关于文件的信息,如作者、上一次更改文件的日期,以及可能已添加到文件的所有描述性标记

 任务实施

1. 使用 Windows 资源管理器

要通过"Windows 资源管理器"查看"图片库"中的图片,可单击任务栏上的"Windows 资源管理器"按钮，然后单击"库"中的"图片"项,如图 5-2 所示。

 提示

打开"开始"菜单,指向"所有程序",选择"附件"→"Windows 资源管理器"命令,可打开 Windows 资源管理器。

图 5-2　资源管理器的图片库

2. 隐藏导航窗格

要隐藏 Windows 资源管理器中的"导航窗格",可打开 Windows 资源管理器,单击"组织"→"布局",然后单击"导航窗格"菜单项即可隐藏导航窗格,如图 5-3 所示。

图 5-3　"组织"菜单

3. 展开选中的文件夹

例如,查看"公用图片"图片库中"示例图片"文件夹中的图片,打开 Windows 资源管理器后,操作如图 5-4 所示。

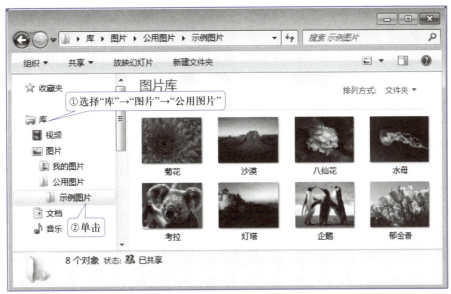

图 5-4   "示例图片"文件夹

> **提示**
>
> 　　如果展开所选文件夹,还可双击导航窗格中的文件夹名或者按 Num Lock+ 数字键盘上的加号(+)键。如果展开所选文件夹下的所有子文件夹,可以按 Num Lock+ 数字键盘上的星号(*)键。

4. 使用地址栏导航

地址栏将当前的位置显示为以箭头分隔的一系列链接,如图 5-5 所示。

例如,当前在"音乐"库中,使用地址栏导航至文档库,则单击地址栏中库右侧的箭头,然后单击列表中的"文档"项以转至文档库,操作如图 5-6 所示。

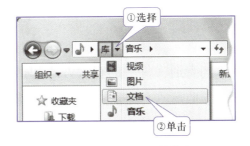

图 5-5   地址栏   图 5-6   转至"文档"库

> **提示**
>
> 　　可以通过在地址栏中输入 URL 来浏览网站,这样会将打开的文件夹替换为默认 Web 浏览器。

技能拓展

1. 更改文件夹中项目的查看方式

（1）更改单个文件夹中项目的查看方式

打开要更改的文件夹，可以执行如下操作之一：

● 单击工具栏右侧的"视图"按钮。

● 单击"视图"按钮旁边的箭头，再单击某个视图或移动滑
块（图 5-7）。

● 右击工作区空白处，在快捷菜单中选择"查看"子菜单中的选项。

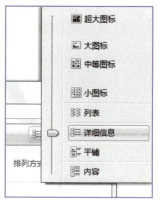

图 5-7　"视图"菜单

提示

若要在视图之间快速切换，请单击"视图"按钮而不是它旁边的箭头。每次单击，文件夹都会切换到下列五个视图之一：列表、详细信息、平铺、内容和大图标。

（2）将当前文件夹中项目的查看方式应用于所有同类型的文件夹

单击"组织"菜单中的"文件夹和搜索选项"，打开"文件夹选项"对话框，单击"查看"选项卡上的"应用到文件夹"按钮。

2. 更改文件夹中项目的排序方式

打开要修改的文件夹，右击工作区空白处，在快捷菜单的"排序方式"子菜单中选择对应项即可。

 讨论与学习

1. 默认库与普通文件夹的查看方式和排序方式的区别。

2. 如何还原收藏夹（或库）中的已被删除默认项？

3. 在地址栏中输入"控制面板"后，按"Enter"键可转至"控制面板"吗？还有哪些位置（如文档、图片）可以在地址栏中直接转到呢？

 巩固与提高

1. 在 Windows 资源管理器中，分组显示文件夹中的项目。

2. 更改文档库中项目的排列方式。

3. 显示或隐藏预览窗格、细节窗格。

任务 2　管理文件和文件夹

要想正确地管理文件和文件夹可能就需要重命名文件、删除它们和在文件夹之间移动它们。管理文件的程序当然是 Windows 资源管理器,因为它提供了对所有磁盘和文件夹的访问。

 任务情景

通过任务 1 的学习,小邱同学已经了解到 Windows 资源管理器在管理磁盘文件中的作用,想更深入了解文件和文件夹,并使用资源管理器对磁盘上所有文件和文件夹进行科学的管理,他向计算机工作室的指导教师请教。

 知识准备

1. 文件

文件是数据的一种组织形式,是具有文件名的一组相关信息的集合。计算机中的所有信息,如程序、数据、图像、声音和文字等都是以文件的形式存放在计算机的存储设备中。文件是计算机操作系统进行组织和管理的最基本单位。

每个文件都有一个文件名,文件名的格式为"主文件名 . 扩展名"。主文件名表示文件的名称,扩展名说明文件的类型。例如,名为"cmd.exe"的文件,"cmd"为主文件名,"exe"为扩展名,表示该文件为可执行文件。在计算机上,文件用图标表示,这样便于通过查看其图标来识别文件类型。

Windows 中文件按名存取和存取控制,Windows 7 中的文件命名规则如下:

- 文件名不区分大小写,最多可使用 255 个字符。
- 文件名中可以包含空格,但不能包含下列符号:\ / : * ?　"<> |。
- 不能使用系统保留的设备名:aux、com0~com9、con、lpt0~lpt9、nul、prn。
- 文件名中允许多个间隔符(.),最后一个间隔符后(右边)为扩展名。

2. 文件类型

操作系统是通过扩展名来识别文件的类型的,了解一些常见的文件扩展名对于管理和操作文件将有很大的帮助。可以将文件分为程序文件、文本文件、图像文件及其他多媒体文件等。常见文件类型及其对应的扩展名见表 5-2。

3. 文件夹

文件夹是用来组织和管理磁盘文件的容器。它既可包含文件,也可包含其他文件夹。文件夹中包含的文件夹通常称为"子文件夹"。每一个磁盘有一个根文件夹,它包含若干文件和文件夹。在屏幕上由一个文件夹的图标表示。

表 5-2　常见文件类型及其对应的扩展名

文件类型	扩展名
批处理文件	.bat
配置文件	.cfg、.sys、.bin、.ini
帮助文件	.hlp、.chm
临时文件	.tmp
支持程序	.ocx、.vbs、.dll
可执行文件	.exe、.com
网页文件	.htm、.html、.asp、.php
声音文件	.wav、.mid、.mp3、.wma、.aac、.ra(Real Audio)
图像文件	.bmp、.png、.jpg、.tif、.gif、.psd、.ai(Adobe Illustrator)
视频文件	.avi、.mpg、.mov、.wmv、.rm(Real Media)
压缩文件	.zip、.rar、.cab

Windows 中的文件夹也称文件目录,它采用多级层次结构(也称树状结构)。文件夹的命名规则与文件相同,且同一文件夹中不能有同名的文件或文件夹,不同的文件夹中允许有同名的文件或文件夹。它可以有扩展名,但不具有文件扩展名的作用,也就不像文件那样用扩展名来标记格式。

Windows 7 中,文件夹一般有两种:

• 标准文件夹

用户平常用于存放文件和文件夹的容器就是标准文件夹。当打开标准文件夹时,它会以窗口的形式出现在屏幕上;关闭它时,则会显示为一个文件夹图标,用户还可以对文件夹中的对象进行剪切、复制和删除等操作。

• 特殊文件夹

特殊文件夹是 Windows 系统所支持的另一种文件夹,如"控制面板""计算机""设备和打印机"和"网络"等。特殊文件夹一般不用于存放文件和文件夹,而是查看和管理其中的内容。

4. 文件或文件夹属性

文件中除了所包含的数据之外,还包含了一些关于该文件的说明信息,这些信息在管理文件时非常有用。文件属性用于将文件标注为存档文件、隐藏文件、只读文件或系统文件等。

　　文件夹与文件相似，可以指定其属性为存档、隐藏和系统等。此外，若采用 NTFS 文件系统，文件或文件夹还可以设置为"压缩或加密"等属性。在网络环境下，文件夹可以设置为非共享或共享的。

5. 使用通配符

　　通配符是一个键盘字符，例如星号（*）或问号（?），当查找文件、文件夹、打印机、计算机或用户时，可以使用它来代表一个或多个字符。当不知道真正字符或者不想输入完整名称时，常常使用通配符代替一个或多个字符（见表 5-3）。

表 5-3　通　配　符

通配符	使用说明
星号（*）	可以使用星号代替零个或多个字符
问号（?）	可以用问号代替名称中的单个字符

　　例如，对于要查找的文件，如果知道它以"计算机"开头，但不记得文件名的其余部分，则可以输入字符串"计算机 *"，这样会查找以"计算机"开头的所有文件类型的所有文件，如"计算机基础知识 .txt""计算机科学 .doc"和"计算机的发展历程 .doc"等。若要缩小范围以搜索特定类型的文件，可输入"计算机 *.doc"，这将查找以"计算机"开头并且文件扩展名为".doc"的所有文件，如"计算机 .doc"和"计算机的发展历程 .doc"等。

　　当输入"计算机 ??.doc"时，查找到的文件可能为"计算机科学 .doc"或"计算机基础 .doc"，但不会是"计算机的发展历程 .doc"。

6. 回收站

　　在文件和文件夹的管理过程中，删除无用的文件或文件夹是最常见的操作，有时会出现误删的情况。为了防止误删，"回收站"是提供这一操作的保障。Windows 系统中，"回收站"是用来临时存放从硬盘上删除的文件或文件夹的存储空间，"回收站"中的项目将保留直到从计算机中永久地将它们删除。这些项目仍然占用硬盘空间并可被恢复或还原到原位置。当"回收站"被占满后，Windows 自动清除"回收站"的空间以存放最近删除的文件和文件夹。

　　系统为每个分区分配了一个"回收站"，还可以为每个"回收站"指定不同的大小，每个"回收站"是一个特殊的系统文件夹，具有系统和隐藏属性。

7. 剪贴板

　　"剪贴板"是 Windows 系统为传递信息在内存中开辟的临时存储区，可将信息（如文本、文件、图形、声音或视频）从一个程序或位置复制到"剪贴板"，然后再粘贴到其他地方。"剪贴板"一次只能保留一则信息。每当有信息复制到"剪贴板"时，该内容都将替换"剪贴板"以前的信息。它使得在各种应用程序之间传递和共享信息成为可能，大多数 Windows 程序中都可使用"剪贴板"。

8. 文件系统格式

文件是由操作系统来管理的,包括文件的结构、命名、使用、保护和实现等。总之,在一个操作系统中,负责处理与文件有关的各种事情的那部分,就称为文件系统。一般来说,操作系统不同,其文件系统也不同。

常见的文件系统类型有:CDFS、FAT、FAT32、ExFAT、NTFS、Ext2、Ext3、HFS、HFS+、Btrfs、UDF、XFS、ZFS 等。文件系统类型也称文件系统格式,每一个磁盘分区可以且只可以使用一个文件系统格式。Windows 7 支持的文件系统格式常见的有 FAT、FAT32 和 NTFS。

 任务实施

1. 选中文件或文件夹

在对文件或文件夹操作之前,首先要选中它们,被选中的对象将突出显示。

例如,要选中 C:\Windows 文件夹下的连续多个文件夹和文件,可以先单击第一个文件夹,按住 "Shift" 键,再单击最后一个文件即可。也可以使用鼠标拖动矩形框来框选,操作如图 5-8 所示。

图 5-8　选中多个连续文件和文件夹

提示

选中一个文件或文件夹,可单击要选定的文件或文件夹。

选中全部文件或文件夹,可以选择"组织"→"全选"命令,也可按"Ctrl+A"组合键。

选中多个不连续的文件或文件夹,先按住"Ctrl"键,再依次选中要选的文件或文件夹。

2. 新建文件夹

例如,在 E:\ 下创建文件夹"临时",可如下操作:

① 打开 E: 盘;

② 操作如图 5-9 所示;

③ 输入文字"临时"后按"Enter"键。

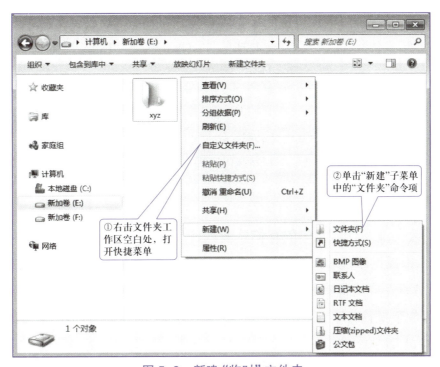

图 5-9　新建"临时"文件夹

提示

打开指定的文件夹,按"Ctrl + Shift + N"组合键,输入文件夹名后按"Enter"键即可。

3. 重命名文件或文件夹

例如,将"E:\临时"文件夹更名为"档案",可如下操作:

① 打开 E:\,选中"临时"文件夹。

② 操作如图 5-10 所示。

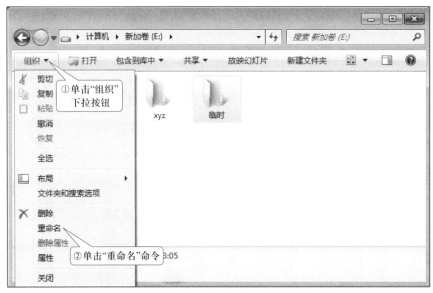

图 5-10   更名"临时"文件夹

③ 输入新文件夹名"档案",然后单击其他任何地方或按"Enter"键。

 提 示

　　选中需要更名的文件夹,再单击一次文件名或文件夹名;或者右击对象,在快捷菜单中选择"重命名"命令;或者按 F2 键也可进入重命名状态,输入新名后单击"确定"按钮。

4. 复制和移动文件或文件夹

　　如果希望更改文件在计算机中的存储位置或产生多个副本,经常会复制或移动文件或文件夹。Windows 7 中提供了很多对文件或文件夹的复制和移动操作方法。

　　例如,将"E:\ 新生"文件夹下的两个文件夹"2019 年春"和"2019 年秋"复制到"E:\ 档案"文件夹中,可如下操作:

　　① 打开"E:\ 新生"文件夹,选中文件夹"2019 年春"和"2019 年秋"。

　　② 操作如图 5-11 所示,将两个文件夹复制到"剪贴板"中。

　　③ 打开"E:\ 档案"文件夹,右击空白处,在快捷菜单中选择"粘贴"命令。

　　如果要移动文件或文件夹,把选择"复制"命令换成"剪切"命令即可,其他步骤与复制操作相同。

 提 示

　　1. 在导航窗格中也能实现文件夹的复制或移动。

　　2. 将文件或文件夹复制到 U 盘等移动存储器,可以右击项目,在快捷菜单中选择"发送到"相应的移动存储器。

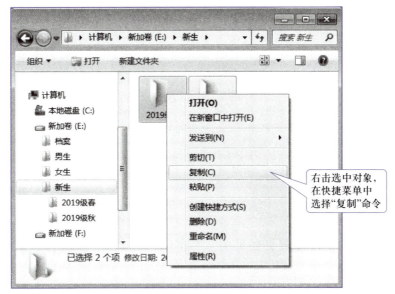

图 5-11　快捷菜单

5. 删除文件或文件夹

例如，删除"E:\"的"女生"文件夹，可如下操作：

① 打开"E:\"，选中"女生"文件夹。

② 右击对象，选择"删除"命令，如图 5-12 所示。

③ 在弹出的"删除文件夹"对话框中，选择"是"按钮。

图 5-12　快捷菜单

　　一般来说，硬盘上被删对象会被移到"回收站"中。如果要永久删除文件或文件夹，可在删除以后再"清空回收站"，或者在"回收站"中再次删除对象；或者按住"Shift"键，再执行删除操作，即可永久删除文件，而不会被移到"回收站"。

提示

1. 选中对象后,单击"组织"或菜单栏上"文件"的"删除"命令,或者按"Delete(Del)"键,也可以删除对象。

2. 如果从网络文件夹或 U 盘删除文件或文件夹,不会将其存储在"回收站"中,而是直接永久删除该文件或文件夹。

3. 如果被删除的项目超过"回收站"存储容量,会提示直接永久删除。

6. 设置文件属性

每个文件都有文件名和文件数据。此外,操作系统还会赋予文件其他一些信息,如文件创建日期和时间、文件的长度等。通常把这些额外的信息称为文件的属性。Windows 中常用的文件属性有:

隐藏——被标记为隐藏的文件默认不会出现在文件的显示列表中。

只读——被标记为只读的文件,其内容只能读取,不允许修改。

系统——被标记的文件是系统文件。

存档——被标为存档的文件,表示该文件需要备份。

例如,将"E:\ 档案"文件夹设置为"隐藏"属性,可如下操作:

① 打开"E:\"文件夹,右击"档案",在快捷菜单中选择"属性"命令或者按住"Alt"键双击"档案"图标,打开其属性对话框。

② 勾选"隐藏"属性的复选框(图 5–13),再单击"确定"按钮。

图 5–13　"档案 属性"对话框

提示

"系统"属性不能通过"属性"对话框进行设置时,可在命令提示符中使用 Attrib 命令设置。

技能拓展

1. 搜索文件和文件夹

在众多的文件或文件夹中去查找需要的,Windows 提供了多种查找方法。

(1) 可以使用"开始"菜单上的"搜索框"

输入字符来查找存储在计算机上的文件、文件夹、程序和电子邮件等。与输入的字符相匹配的项将出现在"开始"菜单上。搜索基于文件名中的文本、文件中的文本、标记以及其他文件属性。

(2) 在某个特定的文件夹或库中使用"搜索框"

输入文本查找文件或文件夹时,在搜索中可使用搜索筛选器指定属性,如图 5-14 所示。

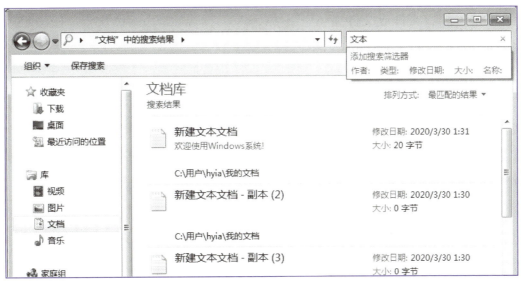

图 5-14　文档库中的搜索框

2. 压缩与解压文件或文件夹(以 ZIP 文件为例)

压缩文件既占据较少的存储空间,又可更快速地传输到其他计算机。Windows 7 自带压缩功能,可将多个文件或文件夹压缩合并到一个文件夹中,方便管理。

(1) 压缩文件或文件夹

① 找到并选中要压缩的文件或文件夹。

② 右击文件或文件夹,选择"发送到"→"压缩(zipped)文件夹"命令,如图 5-15 所示。

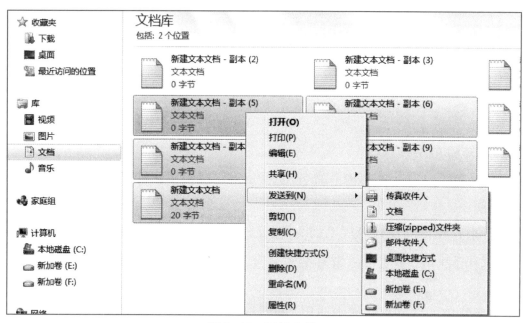

图 5-15　压缩文件

③ 将在当前位置创建新的压缩文件夹。输入新文件夹名,按"Enter"键。

(2) 解压缩(提取)文件或文件夹

① 找到需要提取的压缩(.zip)文件。

② 执行以下操作之一:

• 如果要提取单个文件或文件夹,双击打开压缩文件夹。然后将要提取的文件或文件夹从压缩文件夹拖动到新位置。

• 如果要提取压缩文件夹的所有内容,右击文件夹,选择"全部提取"命令,或者双击打开压缩文件夹,单击工具栏上的"提取所有文件"按钮,然后按照向导说明进行操作。

3. 设置文件夹选项

通过"文件夹选项"对话框,可更改文件和文件夹执行的方式以及项目在计算机上的显示方式。

打开"开始"菜单,在"搜索框"中输入"文件夹选项",在结果列表中单击"文件夹选项"或在资源管理器中,选择"组织"→"文件夹和搜索选项"命令,弹出"文件夹选项"对话框,如图 5-16 所示。

(1) 更改文件和文件夹"常规"设置

更改浏览文件夹的方式:在不同文件夹窗口中打开不同的文件夹。使用此设置可使正在处理的所有文件夹在屏幕上保持同时打开。

更改打开项目的方式:通过单击打开文件和文件夹(如同网页上的链接一样)。

（2）更改文件和文件夹常用的"高级"设置

查看标记为"隐藏"的文件、文件夹和驱动器。可以取消选择"显示隐藏的文件、文件夹和驱动器"复选框，然后单击"确定"按钮。

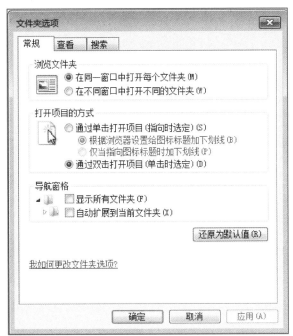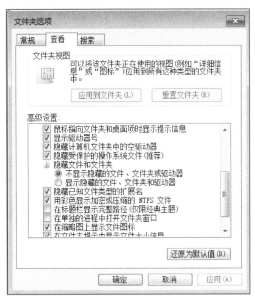

图 5-16 文件夹选项

显示已知文件类型的扩展名或修改文件的扩展名。可以取消选择"隐藏已知文件类型的扩展名"复选框，然后单击"确定"按钮。

查看隐藏的系统文件。可以取消选择"隐藏受保护的操作系统文件"复选框，然后单击"确定"按钮。

4. 使用"回收站"

删除文件或文件夹，其实一般并没有真正删除，而是放入了"回收站"。由于误删除等原因想要恢复文件的，只要从"回收站"取回（恢复）文件即可。

（1）恢复被删除的对象

要想恢复删除的项目，可如下操作：

① 双击桌面上的"回收站"图标，打开"回收站"文件夹。

② 在工作区中选中要恢复的文件或文件夹。

③ 单击工具栏上的按钮：还原此项目（选中单个项目）或还原选中的项目（两个及以上被选中的项目）或还原所有项目（不选中任何项目），便可恢复，如图5-17所示。

在回收站中，也可以右击选中的项目，在快捷菜单中选择"还原"命令。

要恢复刚被删除的项目，可以按"Ctrl + Z"组合键，或者在资源管理器中，选择"组织"→"撤销"命令。也可右击桌面空白处,在快捷菜单中选择"撤销"→"删除"命令。

还原"回收站"中的项目将使该项目返回其原来的位置。如果还原已删除文件夹中的文件,则该文件夹将在原来的位置重建,然后在此文件夹中还原文件。

图 5-17　选中要恢复的项目

(2) 修改"回收站"属性

自定义各个分区"回收站"的容量。例如,将 E: 盘的"回收站"容量修改为 1 GB。可如下操作:

① 右击桌面上"回收站"图标,在快捷菜单中选择"属性"命令,弹出"回收站 属性"对话框(图 5-18)。

图 5-18　"回收站 属性"对话框

② 然后在"回收站位置"列表中选择"E:"盘,在"自定义大小"的文本框中输入 1 024(此处数值的单位是 MB,1 GB=1 024 MB)。

③ 单击"应用"或"确定"按钮。

勾选图 5-18 对话框中"显示删除确认对话框"选项的意义是在删除操作时会显示确认删除对话框(图 5-19),以防误删。

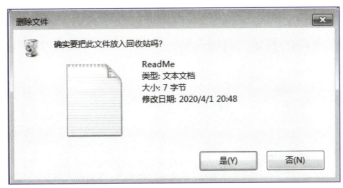

图 5-19　"删除文件"对话框

图 5-18 对话框中"不将文件移到回收站中。移除文件后立即将其删除"的选项,用于设置删除时不将文件移到"回收站"中,而是直接从磁盘上永久删除。

讨论与学习

1. 小组讨论系统保留的设备名代表什么含义?
2. "回收站"中的文件和文件夹的排列方式与普通文件夹窗口有何异同?
3. 如何恢复被误删的文件或文件夹? 如何做到不会出现误删文件或文件夹呢?
4. 按"Ctrl + A"组合键可选中隐藏属性的文件或文件夹吗?
5. 找出复制或移动文件(夹)的常用方法并填入表 5-4。

表 5-4　复制或移动文件(夹)的常用方法

序号	复制	移动
1	选择对象,单击"编辑"或"组织"→"复制"菜单命令,再在目标文件夹中,使用"编辑"→"粘贴"菜单命令	选择对象,单击"编辑"或"组织"→"剪切"菜单命令,再在目标文件夹中,使用"编辑"→"粘贴"菜单命令
2		
3		
4		
5		
6		

巩固与提高

1. 请尝试对一个文件夹中的所有同类型文件或文件夹,进行批量重命名。
2. 尝试指定搜索筛选器(如文件大小、修改日期)搜索文件或文件夹。
3. 尝试修改文件夹选项的其他"高级"属性。

单 元 小 结

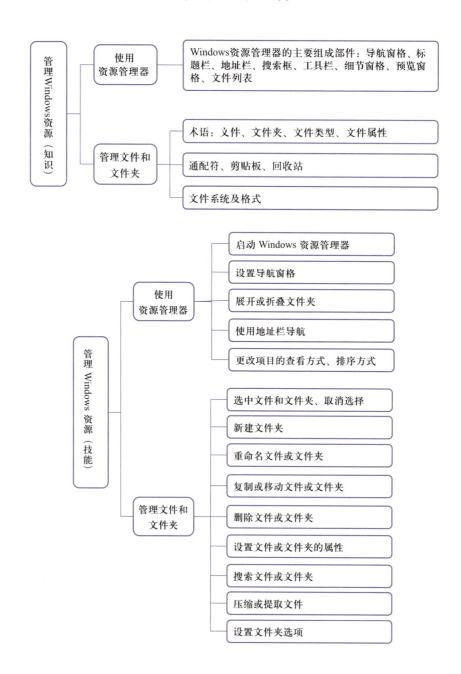

综 合 实 训

一、整理"COV"公司文档

请将"实训素材 5-1-1.rar"直接解压到 D: 盘根目录下,然后完成下列操作:

① 将"D:\行政部\人事"文件夹中的所有文件"人事管理 .xlsx"设置为隐藏属性。

② 将"D:\开发部\产品研发"文件夹中的文件"grass.for"删除。

③ 在"D:\售后服务\客服中心"文件夹中新建一个文件夹"VIP"。

④ 将"D:\品质部\品质组长"文件夹中的文件"FQC.docx"复制到"D:\行政部\人事"文件夹中,并将文件夹更名为"成品检验员 .docx"。

⑤ 将"D:\仓库\原材料"文件夹中的文件夹"半成品"移动到"D:\仓库\辅助材料"文件夹中。

二、使用 Windows 资源管理器整理 U 盘文件

① 在根目录下创建如下文件夹:图片、文档、视频、音乐、游戏、工具。

② 将 U 盘上以前存放的内容分类存放到上面创建的文件夹中。

③ 搜索 C: 盘中的"wordpad.exe",并将其复制到 U 盘的"工具"中。

④ 使用"snip*tool.exe"搜索 C: 盘中的"截图工具"程序,并将其移动到 U 盘的"文档"文件夹中,测试操作的可行性。

⑤ 将 U 盘上的所有图片批量命名为"PIC(××).jpg"。

⑥ 将 U 盘根目录下的"工具"文件夹设置为"隐藏"和"系统"属性。

习题 5

一、填空题

1. Windows 7 的资源管理器中,使用_____窗格可以查看与选中文件关联的最常见属性。

2. 在打开文件夹或库时,要修改查看文件或文件夹图标的显示方式,可以单击工具栏上的"_____"按钮。

3. 右击"开始"按钮,在快捷菜单中选择"_____"命令,可打开 Windows 资源管理器。

4. 打开"计算机"窗口的快捷键是_____。

5. Windows 7 系统保留的设备名有:CON、PRN、COM0~9、LPT0~9、_____、AUX。

6. 计算机中的所有信息,如程序、图像、声音、文字等都是以_____的形式存放在计算机的存储设备中。

7. 设置了文件的_____属性,该文件的内容只能打开读取,但不能修改。

8. Windows 7 支持的三种常见的文件系统是:FAT、FAT32 和_____。

9. 在 Windows 7 中要重命名文件或文件夹,可以按_____键进入更名状态。

10. 批处理文件的扩展名为_____。

二、单项选择题

1. 在计算机中,文件是存储在(   )。

    A. 磁盘上的一组相关信息的集合   B. 内存中的信息集合

    C. 存储介质上的一组相关信息的集合   D. 打印纸上的一组相关数据

2. 一般来说,Windows7 中,文件的类型可以根据(   )来识别。

    A. 文件的大小   B. 文件的用途

    C. 文件的扩展名   D. 文件的存储位置

3. 要选中多个不连续的文件或文件夹,要按住(   )键,再选中文件或文件夹。

    A. "Alt"   B. "Ctrl"   C. "Shift"   D. "Tab"

4. 在 Windows 7 中使用"删除"命令删除硬盘中的文件或文件夹后,(   )。

    A. 文件确实被删除,无法恢复

    B. 在没有存盘操作的情况下,还可恢复,否则不可以恢复

    C. 文件被放入"回收站",可以通过"查看"菜单的"刷新"命令恢复

    D. 文件被放入"回收站",可以通过"回收站"操作恢复

5. 在 Windows 7 中,要把选中的文件剪切到"剪贴板"中,可以按(   )组合键。

    A. "Ctrl+X"   B. "Ctrl+Z"   C. "Ctrl+V"   D. "Ctrl+C"

6. 在 Windows 7 中,常用于对 Windows 资源进行管理的是(   )。

    A. 回收站   B. 剪贴板   C. 库   D. 资源管理器

7. 一般来说,在 Windows 7 中被永久删除的文件或文件夹(   )。

    A. 可以恢复   B. 可以部分恢复

    C. 不可恢复   D. 可以恢复到"回收站"

8. 下面是关于 Windows 7 文件名的叙述,错误的是(   )。

    A. 文件名中允许使用汉字   B. 文件名中允许使用多个圆点分隔符

    C. 文件名中允许使用多个空格   D. 文件名中允许使用西文字符"|"

9. 在 Windows 7 中,下列文件名,正确的是(   )。

    A. My 文件 1.txt   B. F 文件 1/

    C. A<B.COM   D. A>B.DOCX

10. 在 Windows 7 中,关于通配符的描述,正确的是(   )。

    A. 通配符有"?"和"*"两种

    B. "?"代表其所在位置任意多个字符

    C. "*"代表其所在位置任意一个字符

    D. A*.* 代表所有含字母 A 的文件夹

11. 在 Windows 7 中,资源管理器的导航窗格,文件夹的组织关系是(   )

    A. 图形   B. 树状   C. 网状   D. 线性

12. 在 Windows 7 中,关于"回收站"叙述正确的是(   )。

    A. "回收站"大小是固定不变的

    B. "回收站"中的文件或文件夹是可恢复的

    C. U 盘中的文件被删除后也放入"回收站"

    D. "回收站"中存放的文件断电后自动删除

13. 在 Windows 7 中,下列操作能实现异盘移动文件夹的是(　　　)。

    A. 按住 Shift 键的同时拖动鼠标(左键)

    B. 按住 Ctrl 键的同时拖动鼠标(左键)

    C. 按住 Alt 键的同时拖动鼠标(左键)

    D. 直接拖动鼠标(左键)

14. 在 Windows 7 中,不能更改文件名的操作是(　　　)。

    A. 单击"组织"菜单中的"重命名"命令　　　　B. 右击文件,在"属性"→"常规"里更改

    C. 双击该文件　　　　　　　　　　　　　　D. 右击文件,选择快捷菜单中的"重命名"命令

15. 多次执行"剪切"操作后,按"Ctrl+V"键粘贴的是(　　　)。

    A. 不能确定　　　　　　　　　　　　　　　B. 第一次剪切的内容

    C. 全部剪切的内容　　　　　　　　　　　　D. 最近一次剪切的内容

16. "H:\专业知识\网络"在资源管理器的(　　　)中,输入该路径能快速找到"网络"文件夹。

    A. 搜索框　　　　　　B. 百度一下　　　　　　C. 工具栏　　　　　　D. 地址栏

17. 在 Windows 中,"回收站"中的文件或文件夹仍占用(　　　)的存储空间。

    A. 内存　　　　　　　B. 硬盘　　　　　　　　C. 光盘　　　　　　　D. 软盘

18. 一般来说,在 Windows 7 中,各应用程序交换信息是通过(　　　)实现的。

    A. 计算机　　　　　　B. 资源管理器　　　　　C. 内存　　　　　　　D. 剪贴板

19. 在 Windows 7 中,选中对象后能够向剪贴板中放入数据的操作是(　　　)。

    A. 按"Ctrl + Z"键　　　　　　　　　　　　B. 按"Insert"键

    C. 按"Ctrl + V"键　　　　　　　　　　　　D. 按"Alt + PrintScreen"键

20. 在"计算机"窗口中,选中文件后右击,从快捷菜单中选择"属性"命令,在弹出的对话框中看不到文件的(　　　)。

    A. 创建时间　　　　　B. 位置　　　　　　　　C. 文件类型　　　　　D. 具体内容

三、多项选择题

1. 默认情况下,Windows 7 为"D:\电子书"文件夹中项目提供的排序方式有(　　　　　　)。

    A. 名称　　　　　　　B. 创建日期　　　　　　C. 类型　　　　　　　D. 大小

2. 在 Windows 7 中,D: 盘的文件系统格式为 FAT32,那么文件"D:\计算机基础 .docx"通过"属性"对话框可以设置的属性有(　　　　　　)。

    A. 只读　　　　　　　B. 存档　　　　　　　　C. 加密　　　　　　　D. 隐藏

3. 在 Windows 7 的"资源管理器"中,下列叙述正确的是(　　　　　　)。

    A. 两次单击文件名,可以为文件重命名

    B. 将 C: 盘上选中的文件直接拖动到 D: 盘可以实现移动操作

    C. 按住"Ctrl"键,将 C: 盘上选中的文件直接拖动到 D: 盘可以实现复制操作

    D. 按住"Shift"键,将 C: 盘上选中的文件直接拖动到 D: 盘可以实现移动操作

4. 一般来说,在 Windows 7 中关于文件的属性说法正确的是(　　　　　　)。

    A. 具有"只读"属性的文件可以被移动到其他位置

B. 若修改具有"只读"属性的文件,则"只读"属性自动取消

C. 具有"只读"属性的文件无法删除,但可以修改文件内容

D. 具有"隐藏"属性文件在文件列表中是无法看到的

5. 下列关于 Windows 7 中文件名的说法中,正确的是(　　　　　)。

A. Windows 7 中的文件名可以含有汉字

B. Windows 7 中的文件名可以含有空格

C. Windows 7 中的文件名长度可超过 256 个字符

D. Windows 7 中的文件名中不允许出现"? \/<>:"|"等字符

四、判断题

1. 在 Windows 7 中,默认库被删除后可以通过恢复默认库进行恢复。(　　)

2. 在 Windows 7 的"资源管理器"中,"导航窗格"可以隐藏。(　　)

3. 一般来说,在 Windows 7 的"资源管理器"中,"菜单栏"默认被隐藏,但"工具栏"不能被隐藏。(　　)

4. 在 Windows 7 的资源管理器中,可以在导航窗格中右击文件夹,利用弹出的快捷菜单创建文件夹。(　　)

5. 安装 Windows 7 的分区,其文件系统类型必须是 NTFS。(　　)

6. 在 Windows 7 中,每一个文件都必须有文件名。(　　)

7. "回收站"中的文件"test.xlsx",如果原来存放 test.xlsx 的文件夹已经被彻底删除,那么系统将不允许还原文件"test.xlsx"。(　　)

8. 在 Windows 7 中,允许不同文件夹中有同名的文件。(　　)

9. 按"PrintScreen"键可以将当前窗口以图片的形式存入"剪贴板"中。(　　)

10. 默认情况下,具有"隐藏"属性的文件在资源管理器中依然可见,但具有"隐藏"属性的文件夹会显示为一个比正常文件夹略浅颜色的图标以示区别。(　　)

11. Windows 7 的"剪贴板"中既可以存放文件或文件夹,又可以存放文本、视频、音频等不以文件形式存在的内容。(　　)

12. 一个操作系统只支持一种文件系统格式。(　　)

13. 在 Windows 7 中,删除的所有文件或文件夹都会将对象临时放入"回收站"中,以备需要时恢复对象。(　　)

14. 在 Windows 7 中,所有复制文件或文件夹的操作都必须经过"剪贴板"才能完成。(　　)

15. 从硬盘上被删除的文件或文件夹任何情况下都可以从"回收站"中恢复。(　　)

单元 6
设置和维护操作系统

Windows 7 是一个功能强大的操作系统,其不仅提供了对文件和文件夹的高效管理,还为用户提供了很多实用程序,以应用于软件和硬件的日常维护、管理和安全控制等,如个性化设置、程序和功能、设备管理器、电源管理、备份工具、账户管理、Windows Update、任务管理器、磁盘碎片整理、磁盘清理、命令提示符等。只有在了解其基本工作原理的基础上,熟悉和掌握这一系列实用程序,才能有效地使用它。

学 习 要 点

(1) 掌握屏幕分辨率、外观和个性化设置方法。
(2) 掌握驱动程序和应用软件的安装与卸载方法。
(3) 掌握系统备份和还原方法。
(4) 掌握添加打印机等常用控制面板项的设置方法。
(5) 理解 dir、cd、copy、move、del、format 等常用 cmd 命令功能。

工 作 情 景

计算机工作室承担全校计算机的管理与维护工作,小到计算机应用程序的使用,大到计算机故障的排除。因此,所有成员既要熟练掌握文件和文件夹的基本操作,还需掌握系统的安装与备份、应用程序的安装与卸载、添加硬件、系统设置和系统优化等。

任务 1　个性化设置 Windows

个性化设置可以通过更改计算机的主题、颜色、声音、桌面背景、屏幕保护程序以及字体大小等,实现与众不同的 Windows 界面。

 任务情景

通过对 Windows 7 基础知识的学习,小邱能够对 Windows 文件和文件夹进行操作,作为计算机工作室成员,小邱希望自己的计算机屏幕显示与众不同。在学长的提示下,他查阅大量资料,发现可以通过个性化、调整屏幕分辨率等来定制自己的 Windows 7。

 知识准备

1. 控制面板

控制面板是 Windows 系统的重要管理工具之一,方便用户查看和设置系统状态。打开控制面板的方法很多,如通过“开始”菜单打开。Windows 7 提供了类别、大图标和小图标三种控制面板视图方式。

- “类别”视图

Windows 7 控制面板默认视图方式为“类别”。用户根据需要选择设置的项目类型。在“类别”视图方式下,把相关操作、设置归结到一类。控制面板共分为“系统和安全”“网络和 Internet”“硬件和声音”“程序”“用户账户和家庭安全”“外观和个性化”“时钟、语言和区域”和“轻松访问”8 类。

- “大图标”或“小图标”视图

“大图标”或“小图标”视图方式列出控制面板的大多数设置项目,类似于 Windows XP 控制面板的经典视图方式。

2. 主题

主题是计算机上的图片、颜色和声音的组合。它包括桌面背景、屏幕保护程序、窗口边框颜色和声音方案。某些主题也可能包括桌面图标和鼠标指针。Windows 提供了多个主题供用户选择,用户可以选择 Aero 主题对计算机进行个性化设置;如果计算机运行缓慢,可以选择 Windows 7 基本主题。如果希望使屏幕上的项目更易于查看,可以选择高对比度主题。用户也可以更改主题的图片、颜色和声音来自定义主题。

3. 分辨率

分辨率,又称解析度、解像度,可以细分为屏幕分辨率、图像分辨率、打印分辨率和扫描分辨率等。

屏幕分辨率指的是屏幕上显示的文本和图像的清晰度。分辨率越高(如 1 920 像素 × 1 080 像素),项目越清楚,同时屏幕上的项目越小,因此屏幕可以容纳越多的项目。分辨率越低(如 800 像素 ×600 像素),在屏幕上显示的项目越少,但尺寸越大。分辨率一般取决于显示器的大小和功能及显卡的类型。分辨率 1 920 像素 ×1 080 像素的意思是水平方向像素数为 1 920 个,垂直方向像素数 1 080 个。

 任务实施

1. 更改主题

当用户更改某个主题时,桌面背景、窗口颜色、声音和屏幕保护程序都随之会改变。例如,将 Windows 7 主题更改为"建筑",操作步骤如下:

① 在桌面空白处右击,在弹出的快捷菜单中选择"个性化"命令,打开"个性化"窗口,如图 6-1 所示。

② 在主题列表框中单击"建筑"。

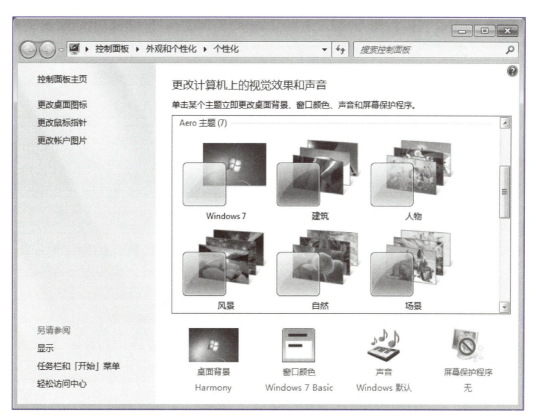

图 6-1 "个性化"窗口

2. 设置桌面背景

用户可以通过"个性化"窗口设置桌面背景。例如,将桌面背景更改为"img25.jpg",操作步骤如下:

① 在"个性化"窗口中单击"桌面背景"。

② 在"桌面背景"窗口(图 6–2)中,选择"img25.jpg",单击"保存修改"按钮。

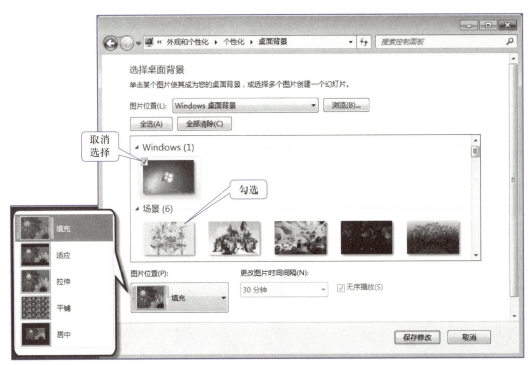

图 6–2   桌面背景

提 示

桌面背景中图片在屏幕上显示位置有 5 种方式:填充、适应、拉伸、平铺和居中。

3. 设置屏幕保护程序

用户可以通过"个性化窗口"设置屏幕保护程序。例如,将屏幕保护程序设置为"气泡",等待时间为 2 分钟,操作步骤如下:

① 在"个性化"窗口中单击"屏幕保护程序"。

② 在"屏幕保护程序设置"对话框(图 6–3)中,选择屏幕保护程序为"气泡",设置"等待"时间为 2 分钟,然后单击"确定"按钮。

提 示

屏幕保护程序可以节约电能,延长显示器寿命。如果用户设置时选择了"在恢复时显示登录屏幕",还可以起到增强计算机安全的作用。

图 6-3 "屏幕保护程序设置"对话框

4. 调整屏幕分辨率

例如,要将屏幕分辨率调整为"1 024×768",右击桌面空白位置,在快捷菜单中选择"屏幕分辨率"命令,在弹出的"屏幕分辨率"窗口(图 6-4)中,选择屏幕分辨率"1 024×768"即可。

提 示

用户也可以通过"控制面板"的"外观和个性化"来更改主题、设置桌面背景、更改屏幕保护程序和调整屏幕分辨率。

5. 安装和删除字体

字体是应用于数字、符号和字符集合的一种图形设计。字体描述了特定的字样和其他性质,如大小、间距和跨度。

（1）安装字体

Windows 自带部分中/英文字体,如果用户要安装"草檀斋毛泽东字体",先下载该字体文件,然后右击"maozedong.ttf"字体文件,选择"安装"命令,如图6-5所示。

图 6-4　"屏幕分辨率"窗口

图 6-5　字体安装

提示

　　字体安装还可将字体文件复制到控制面板的"字体"窗口中。也可以双击字体文件,在字体浏览窗口中单击"安装"按钮进行安装。

（2）删除字体

例如,删除"草檀斋毛泽东字体",则在控制面板的"字体"窗口（图 6-6）中直接删除即可。

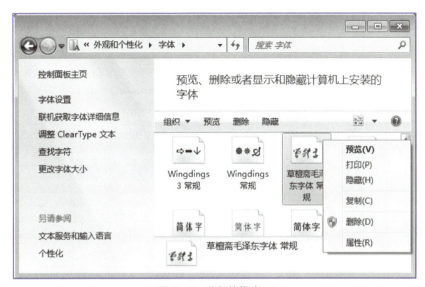

图 6-6　"字体"窗口

 技能拓展

1. 设置鼠标

不同用户有不同的鼠标使用习惯。例如,将鼠标设置为习惯左手操作,启用单击锁定,指针方案为"Windows 标准（大）（系统方案）",显示鼠标指针轨迹,滚轮一次滚动 5 行,具体操作步骤如下:

　　① 在"控制面板"的"硬件和声音"中,单击"鼠标"链接,打开"鼠标属性"对话框（图 6-7）。

　　② 在"鼠标键"选项卡中,勾选"切换主要和次要的按钮"和"启用单击锁定"。

　　③ 在"指针"选项卡（图 6-8）中,选择鼠标指针外观方案为"Windows 标准（大）（系统方案）"。

　　④ 在"指针选项"选项卡中,勾选"显示鼠标指针轨迹"。

　　⑤ 在"滑轮"选项卡中,将滚轮垂直滚动一个齿格,一次滚动 5 行,单击"确定"按钮即可。

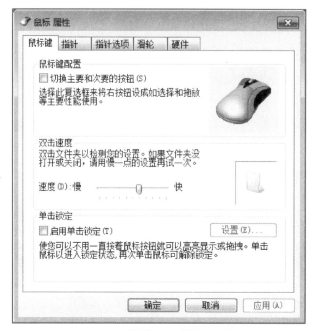

图 6-7　"鼠标 属性"对话框

图 6-8　"指针"选项卡

2. 设置键盘

键盘是计算机最基本的输入设备,在"控制面板"大图标或小图标视图下,单击"键盘"图标,打开"键盘属性"对话框(图 6-9),对键盘进行设置。

用户可以设置"重复延迟""重复率"和"光标闪烁速度"。一般情况使用默认设置即可。

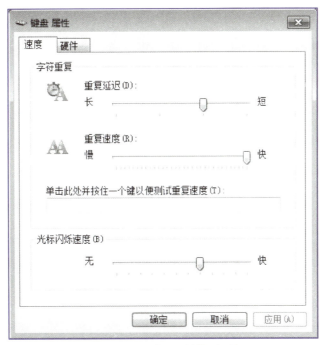

图 6-9　"键盘 属性"对话框

3. 设置日期和时间

在"控制面板"的"时钟、语言和区域"窗口中,单击"日期和时间"。在弹出的对话框 (图 6-10)中,可实现"更改日期和时间""更改时区""附加时钟"以及与"Internet 时间"服务器同步。

图 6-10　"日期和时间"对话框

4. 设置区域和语言

例如,将短日期设置为"yyyy-MM-dd",一周的第一天设置为"星期一",小数位数设置为 2 位,则在"控制面板""时钟、语言和区域"窗口中,单击"区域和语言"。在"区域和语言"对话框"格式"选项卡中,选择短日期为"yyyy-MM-dd",一周的第一天设置为"星期一",单击"其他设置"按钮,在"自定义格式"对话框的"数字"选项卡中,将小数位数设置为"2"即可,如图 6-11 所示。

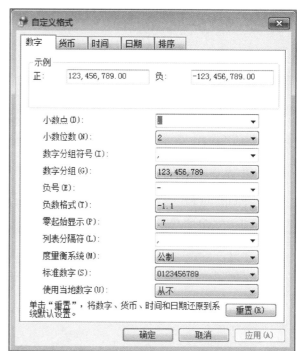

图 6-11　格式设置

 提 示

用户也可通过"区域和语言"对话框的"键盘和语言"选项卡选择语言,设置默认输入语言、添加输入语言、对已有的语言输入进行管理。

 讨论与学习

1. 尝试将桌面图标间距设置为 60 像素,图标下文字的字体设置为楷体、大小为 12 像素。
2. 将 Windows 系统声音方案设置为"节日"。

巩固与提高

1. 任选 "练习素材 6–1–1" 文件夹中的一张图片,将其设置为桌面背景,更换桌面主题,将分辨率设置为 1 366 × 768,设置显示 DPI 设置为 200%。

2. 设置区域和语言。

(1) 短日期格式设置为 "yyyy/MM/dd"。

(2) 短时间格式设置为 "tt h:mm"。

(3) 一周的第一天设置为 "星期一"。

(4) 下午的时间格式改为 "PM"。

(5) 货币小数位数改为 "3"。

3. 删除语言 "微软拼音 – 简捷 2010",默认输入语言改为 "英语(美国) – 美式键盘"。

任务 2　管理程序

Windows 7 自带了一些应用程序但功能有限,不能满足我们日常学习、工作的所有需要。我们可根据需要安装或卸载一些应用程序、打开或关闭 Windows 功能。

 任务情景

计算机工作室新购置了几台计算机,开机后小邱发现计算机中除了操作系统是按要求安装的 Windows 7 外,办公软件与正在学习的办公软件操作界面有所不同。为了方便平时使用,小邱决定安装 Microsoft Office Professional Plus 2010 和一些常用应用软件,尝试卸载不需要的应用程序。

 知识准备

1. 安装应用程序

在 Windows 7 下,应用软件安装可通过以下两种途径:一是通过从本地磁盘进行安装,二是通过 Internet 安装。从本地磁盘安装就是直接运行安装包中的安装文件,如 Setup.exe 或 Install.exe。从 Internet 安装就在浏览器中,单击指向程序的链接,选择 "打开" 或 "运行",这种方式存在一定安全隐患,用户最好先将安装程序下载到本地磁盘,利用杀毒软件查杀病毒,确认安全后进行本地磁盘安装。

2. 卸载应用程序

在安装软件时，如果系统提示磁盘剩余空间不足，用户可以删除磁盘中自己建立的文件、下载的软件安装包。已安装的应用程序不能仅进行简单的删除文件操作，一般应采用卸载操作。

卸载应用软件是指从硬盘删除程序文件和文件夹以及从注册表删除相关数据的操作。卸载软件将释放原来占用的磁盘空间并使其软件不再存在于系统中。

 任务实施

为了更好地学习、工作，我们往往需要安装一些应用软件。从 Internet 下载的应用软件通常需要解压、安装后才能使用。而长期不使用的软件会占用大量计算机硬盘空间，用户通过卸载该软件释放磁盘空间。

1. 安装中文版 Microsoft Office Professional Plus 2010

通过中文版 Microsoft Office Professional Plus 2010 安装光盘进行安装，具体操作步骤如下：

① 自动运行 Office 2010 安装光盘或双击安装文件夹中的 setup.exe 文件。

② 在安装向导（图 6-12）中，阅读软件许可证条款，选择"我接受此协议的条款"后，单击"继续"按钮。

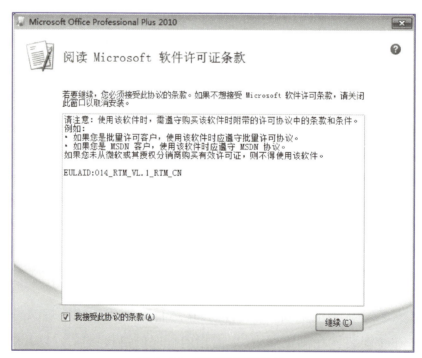

图 6-12   接受许可证协议

③　在选择所需的安装时（图 6-13），单击"立即安装"或"自定义"按钮。如选择"自定义"安装，将弹出"自定义"对话框（图 6-14），根据用户需要，自定义设置完毕后，再单击"立即安装"按钮。

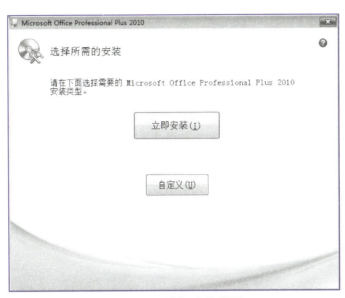

图 6-13　选择安装类型

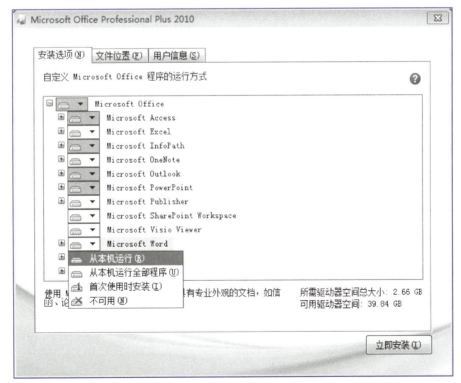

图 6-14　自定义安装

④ Office 2010 安装向导自动进行安装(图 6-15)。

⑤ 在 Office 2010 安装向导最后一步(图 6-16),单击"关闭"按钮,完成安装,退出安装程序。

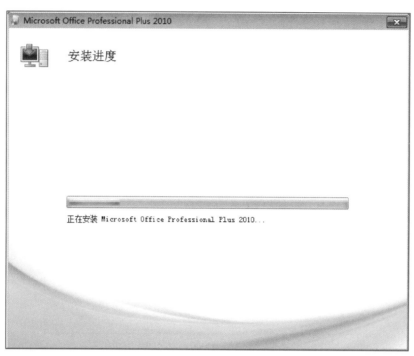

图 6-15 安装进度

图 6-16 安装完成

⑥ 此时 Office 2010 是一个未激活的产品。当用户首次启动 Office 2010 中某一应用程序,利用"文件"选项卡中的"帮助",更改产品密钥进行激活。

　　用户也可以在控制面板的"程序和功能"窗口选中"Microsoft Office Professional Plus 2010",单击"更改"按钮,选择"输入产品密钥"(图 6-17),单击"继续"按钮,输入合法的产品密钥完成激活。

图 6-17　"更改"安装

2. 卸载"U 大师装机工具"

　　通过 Windows7 自带的程序卸载功能,卸载计算机中的"U 大师装机工具",具体操作步骤如下:

　　① 打开"控制面板",选择"程序"组中的"卸载程序"。

　　② 在"程序和功能"窗口(图 6-18)的"卸载或更改程序"列表中选择"U 大师装机工具",单击"卸载/更改"。

　　③ 在"U 大师装机工具 Uninstall"对话框(图 6-19)中单击"是(Y)"按钮。

　　④ 弹出"卸载"信息(图 6-20),单击"Close"按钮。

　　⑤ 卸载完毕后(图 6-21),单击"确定"按钮。

 提示

　　有些应用程序可利用"开始"菜单"所有程序"对应菜单中有"卸载"菜单命令进行卸载,还可以利用第三方的软件管家进行卸载。

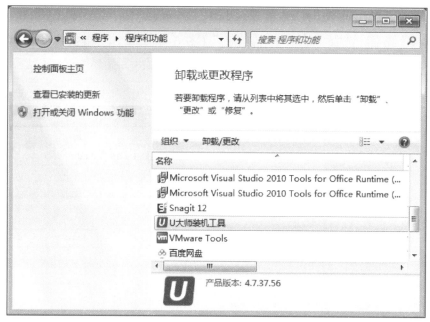

图 6-18　卸载或更改程序

图 6-19　"U 大师装机工具 Uninstall" 对话框

图 6-20　U 大师装机工具卸载中

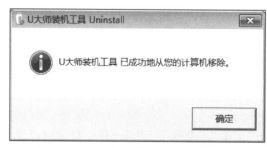

图 6-21　U 大师装机工具卸载成功

技能拓展

1. 打开或关闭 Windows 功能

Windows7 自带的功能随着 Windows7 的安装就自动完成安装,但有些功能只有打开后才能使用。有些功能默认情况是打开的,用户在不使用时可以将其关闭。

例如,打开 Windows 的"Internet 信息服务"功能方法如下:

① 打开"控制面板"中的"程序",单击"程序"窗口中的"打开或关闭 Windows 功能"。

② 在"Windows 功能"窗口(图 6-22)中勾选"Internet 信息服务"并单击"确定"按钮即可。

如果取消选择并单击"确定"按钮,则关闭 Windows 功能。

图 6-22 "Windows 功能"窗口

2. 更新升级应用软件

在联网状态下,有些应用软件会自动检查是否有更新,提示用户是否立即更新。用户也可以关注计算机所安装应用软件的官网,及时下载更新的版本进行安装。

也可以利用第三方提供的工具软件,轻松实现应用软件升级,例如,利用 360 软件管家升级 QQ,则启动 360 软件管家,单击"腾讯 QQ"右侧的"一键升级"按钮即可,如图 6-23 所示。

图 6-23   360 软件管家

讨论与学习

尝试在已安装的 Microsoft Office Professional Plus 2010 中添加 Microsoft Outlook 组件。

巩固与提高

1. 安装 Adobe Photoshop CS6 中文版。
2. 卸载 WinRAR 软件。

任务 3   管理设备

计算机中添加新硬件时,通常会提示安装对应硬件的驱动程序,如打印机、摄像头、手绘板等。硬件设备必须安装对应驱动程序,否则设备将无法正常工作。如在笔记本电脑上录入文字,可能会碰到触摸板,导致插入点位置改变,影响文字录入速度,就需要暂时禁用触摸板。

任务情景

学校把其他部门淘汰下来的一台 Canon LBP2900 打印机给了计算机工作室,小邱连接好打印机,尝试多次后都无法打印。小邱请教工作室的指导教师后,才明白打印机需要安装驱动程序才能正常使用。

知识准备

1. 驱动程序

驱动程序(Device Driver)全称"设备驱动程序",是一种可以使计算机和设备通信的特殊程序,可以说相当于硬件的接口,操作系统只能通过这个接口,才能控制硬件设备的工作,如果驱动程序未能正确安装,可能导致设备无法正常工作。

计算机中驱动程序安装的一般顺序:主板芯片组→显卡→声卡→网卡→无线网卡→触控板→读卡器→其他设备(如视频采集卡、蓝牙设备等)。不按顺序安装很有可能导致某些软件安装失败。

2. 即插即用

即插即用(PnP)技术是由 Microsoft、Intel、Compaq 等公司共同提出的,意思是系统自动侦测周边设备和板卡并自动安装设备驱动程序,做到插上就能用,无须人工干预,是 Windows 自带的一项技术。所谓"即插即用"是指将符合即插即用标准的计算机插卡等外围设备安装到计算机时,操作系统自动设定系统结构的技术。

任务实施

通常 Windows 7 自带部分硬件的驱动程序。但添加打印机、视频卡和手写板等非通用设备时,必须单独安装对应的驱动程序。早期,用户购买新的硬件设备时一般会附送驱动程序安装光盘或 U 盘。随着网络的发展,现在很多厂商在安装说明书上标注驱动程序下载地址或二维码供用户下载安装。

1. 安装驱动程序

打印机是常用输出设备,要使用打印机就需要先安装其对应的驱动程序。例如,安装"Canon LBP2900 打印机"驱动程序,具体操作步骤如下:

① 将打印机连接到计算机的 USB 接口,接好电源线,打开电源。

② 在"控制面板"的"硬件和声音"窗口(图 6-24)中,单击"添加打印机"选项。

③ 在"选择安装什么类型的打印机"时,单击"添加本地打印机"选项,如图 6-25 所示。

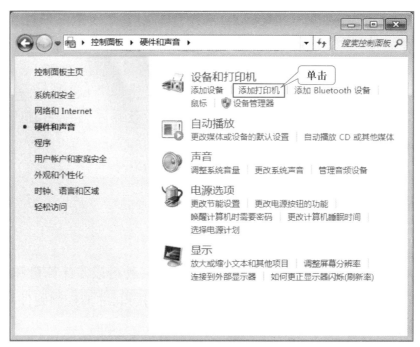

图 6-24　添加打印机

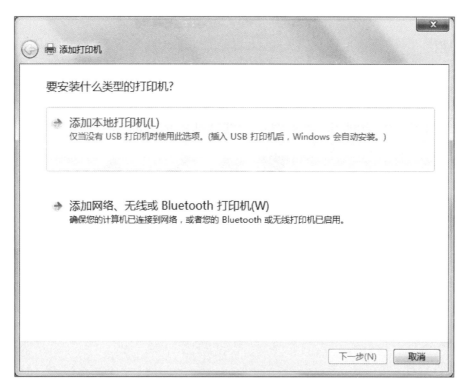

图 6-25　选择安装打印机类型

④ 在"选择打印机端口"时,单击"使用现有的端口",在右边的列表中选择选择打印机端口(如 LPT1),如图 6-26 所示。

⑤ 在"安装打印机驱动程序"时，选择打印机厂商 Canon、打印机型号 Canon LBP2900，单击"下一步"按钮，如图 6-27 所示。

图 6-26　选择打印机端口

图 6-27　安装打印机驱动

⑥ 输入打印机名称,单击"下一步"按钮,如图 6-28 所示。

⑦ 在"打印机共享"时,选中"不共享这台打印机",单击"下一步"按钮,如图 6-29 所示。

图 6-28　输入打印机名称

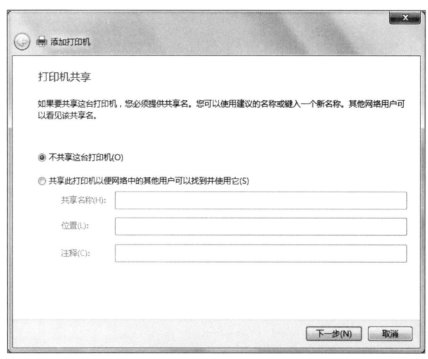

图 6-29　打印机共享

⑧　在"您已经成功添加 Canon LBP2900 打印机"时,勾选"设置为默认打印机",并打印测试页,单击"完成"按钮,如图 6-30 所示。

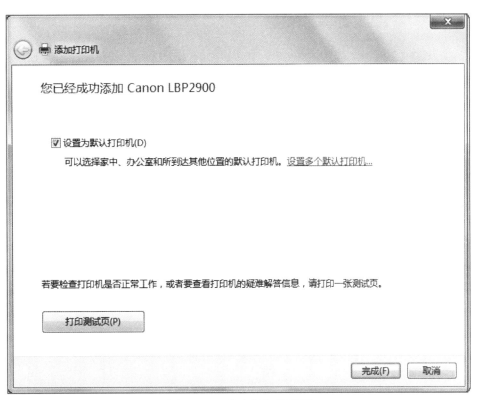

图 6-30　成功添加打印机

2. 更新驱动程序

当计算机的某一硬件经常出现错误、工作性能不稳定、兼容性差时,很有可能是由该设备的驱动程序引起的,用户可以通过更新设备驱动程序解决。更新驱动程序可通过设备管理器进行,也可以到设备对应官网下载最新的驱动程序进行安装。例如更新"Intel(R)PRO/1000 MT Network Connection"网卡驱动程序,具体操作步骤如下:

①　在"控制面板"的"硬件和声音"窗口中单击"设备管理器"。

②　在"设备管理器"窗口(图 6-31),展开"网络适配器",右击"Intel(R)PRO/1000 MT Network Connection",在弹出的快捷菜单中选择"更新驱动程序软件"。

③　在"您想如何搜索驱动程序软件"时(图 6-32),选择"自动搜索更新的驱动程序软件"。

④　如果有更新将自动下载并安装更新,如无更新的驱动程序,则提示"已安装适合设备的最佳驱动程序软件",如图 6-33 所示。

图 6-31　"设备管理器"窗口

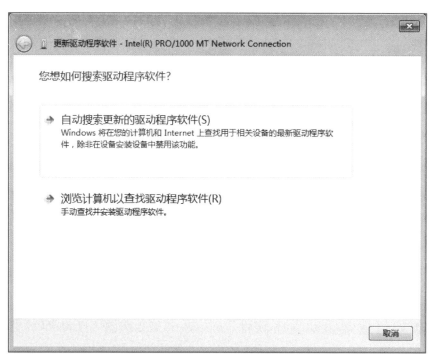

图 6-32　驱动程序软件搜索方式选择

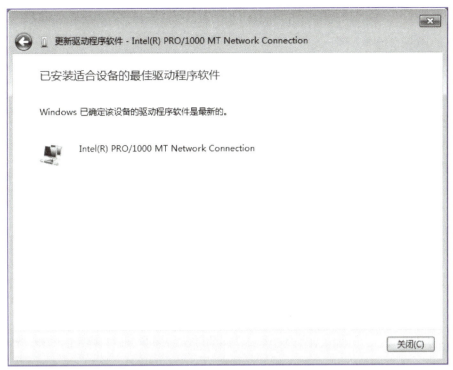

图 6-33　完成更新驱动程序软件

 提示

　　用户也可以右击"计算机"图标,在弹出的快捷菜单中选择"属性"命令,在"系统"窗口单击"设备管理器"来打开"设备管理器"窗口。

 技能拓展

1. 添加蓝牙设备

　　蓝牙技术是一种支持设备短距离通信(一般 10 m 内)的无线电技术,能在包括移动电话、PDA、无线耳机、笔记本电脑、相关外设等众多设备之间进行无线信息交换。蓝牙技术具有安全性和抗干扰能力强的优点。随着计算机的发展,现在很多计算机外围设备采用蓝牙与主机相连,如打印机、音响、键盘和鼠标等。例如,添加 HUAWEI AM08 蓝牙音响,具体操作步骤如下:

　　① 打开 Huawei AM08 蓝牙音响电源。

　　② 在"控制面板"的"硬件和声音"窗口(图 6-34)中,单击"添加 Bluetooth 设备"选项。

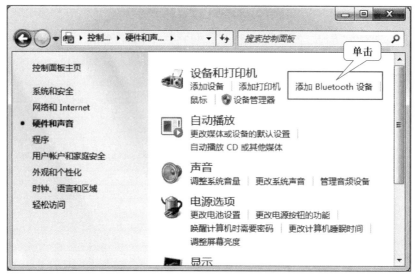

图 6-34　添加 Bluetooth 设备

③ 在"添加设备"对话框(图 6-35)中,选择要添加到计算机的设备,如"HUAWEI AM08",单击"下一步"按钮。

图 6-35　选择要添加到此计算机的设备

④ 成功添加设备,关闭"添加设备"对话框(图 6-36)。

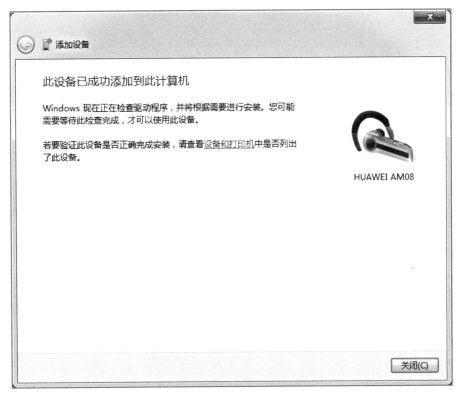

图 6-36　设备添加成功

⑤ 在"设备和打印机"窗口(图 6-37)中,双击"HUAWEI AM08",自动完成连接。

图 6-37　连接蓝牙设备

⑥　如要断开连接,可以在"HUAWEI AM08"的控制面板(图 6-38)中,单击"断开连接"按钮。

图 6-38　"HUAWEI AM08"的控制面板

2. 启用和禁用设备

计算机的设备在使用过程中如果出现冲突,就需要禁用某些设备,根据需要还可重新启用设备。在"设备管理器"中进行启用或禁用设备。启用 / 禁用设备具体操作步骤如下:

①　打开设备管理器。

②　即插即用设备和非即插即用设备的启用 / 禁用:

● 即插即用设备的启用 / 禁用

在"设备管理器"窗口中,右击需要启用 / 禁用的设备,在快捷菜单中选择"启用"或"禁用"。也可以在设备"属性"对话框的"驱动程序"选项卡中,选择"启用"或"禁用"。

● 非即插即用设备的启用 / 禁用

在"设备管理器"窗口中,单击"查看"菜单中的"显示隐藏的设备"。在设备列表中双击"非即插即用驱动程序",选择所需设备,右击,在弹出的快捷菜单中选择"属性"命令,在"属性"对话框的"驱动程序"选项卡中单击"启动"或"停止"并单击"确定"按钮。

3. 卸载设备

如果设备不再在计算机中使用时应将其卸载。即插即用设备通常不需要卸载,只需断开或拔出设备,就可以不加载或不使用驱动程序;如果是非即插即用设备,必须关闭计算机电源后,从计算机中移除该设备。

讨论与学习

1. 尝试安装 Wacom CTL672 数位板驱动程序。
2. 尝试安装网络打印机。

巩固与提高

1. 安装 Windows 7 旗舰版,并安装相应驱动程序和常用应用软件。
2. 禁用笔记本电脑中的触摸板。

任务 4　管理账户

Windows 7 中可以建立多个用户账户,供不同的用户登录使用计算机。不同类型的用户使用权限也不一样,管理员账户具有最高权限。管理员账户不但可以更改自身账户资料,还可以管理其他用户账户。

任务情景

每当新生入学季,计算机工作室的工作人员就会更换一批,加之工作室的计算机数量有限。小邱想原来计算机工作室成员用的账号不方便直接给他们用,能不能新建一些账户,更换原有账号。他查阅大量资料结合实际操作终于明白如何实现。

知识准备

1. Windows 账户

用户账户是通知 Windows 可以访问哪些文件和文件夹,可以对计算机和个人首选项(如桌面背景或屏幕保护程序)进行哪些更改的信息集合。通过用户账户,可以在拥有自己的文件和设置的情况下与多个人共享计算机。每个人都可以使用用户名和密码访问其用户账户。

2. 账户类型

Windows7 有三种类型的账户:管理员账户、标准账户和来宾账户。每种类型为用户提供不同的计算机控制级别。

(1) 管理员账户

管理员账户可以对计算机进行最高级别的控制,但应该只在必要时才使用。Administrator

管理员账户属于 Windows 7 系统保留的管理账户,在默认情况下该账户被禁用,只有在需要高级管理时才启用。

(2) 标准账户

标准账户适用于日常计算机的使用。通常情况下,用户创建的账户默认为标准用户。标准用户可防止用户做出对该计算机的所有用户或计算机安全造成影响的更改,如删除计算机工作所需要的文件等,从而保护计算机系统。

(3) 来宾账户

来宾账户主要针对需要临时使用计算机的用户。Windows 7 内置的来宾账户为 Guest,默认情况没有启用。

任务实施

如果计算机的 Windows 7 操作系统中只有一个用户账户,其他人在使用这台计算机时能够看到计算机上存储的私人文档,不利于保护个人隐私,甚至造成数据泄密。这就要求不同用户要有各自的用户账户和密码。

1. 创建新用户

例如,创建 xiaoqiu 的标准用户,具体操作步骤如下:

① 在"控制面板"窗口(图 6-39)中,单击"添加或删除用户账户"。

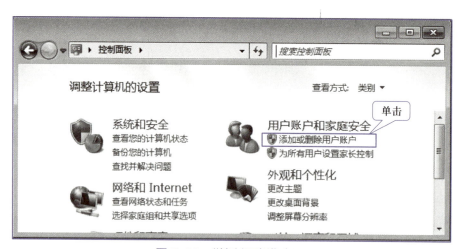

图 6-39　"控制面板"窗口

② 在"管理账户"窗口(图 6-40)中,单击"创建一个新账户"。

③ 在"创建新账户"(图 6-41)中,输入账户名称"xiaoqiu",选择账户类型"标准用户",单击"创建账户"按钮即可。

用户账户创建成功后,在"管理账户"窗口中就有一个"xiaoqiu"的标准用户账户。

2. 更改用户密码

为了保障用户个人信息安全,每一个用户都应当使用密码。密码要具有一定复杂度且需要定期进行修改。Windows 7 提供了密码认证,当用户账户没有密码保护时,则为"创建密码";当原用户账户已经有密码保护时,则为"更改密码"。

图 6-40　管理账户

图 6-41　创建新账户

（1）创建用户密码

例如，为 xiaoqiu 的用户创建密码为"wxgzs2020XQ"，具体操作步骤如下：

① 在"管理账户"窗口中单击 xiaoqiu 账户。

② 在"更改账户"窗口（图6-42）中，单击"创建密码"。

图6-42　账户有无密码对比

③ 在"创建密码"窗口（图6-43），输入新密码、确认新密码"wxgzs2020XQ"、密码提示，单击"创建密码"按钮。

图6-43　创建密码

（2）更改账户密码

例如，将 xiaoqiu 的账户密码更改为"xQ20new."，具体操作步骤如下：

① 在"管理账户"窗口中，单击 xiaoqiu 账户。

② 在"更改账户"窗口中，单击"更改密码"。

③ 在"更改密码"窗口（图 6-44）中，输入新密码及确认新密码"xQ20new."，单击"更改密码"按钮。

图 6-44　更改密码

3. 更改账户图片

例如，将 xiaoqiu 的账户图片改为系统提供的"帆船"图片，具体操作步骤如下：

① 在"更改账户"窗口中，单击"更改图片"。

② 在"选择图片"窗口（图 6-45）中，选择系统提供的"帆船"图片，并单击"更改图片"按钮即可。

4. 更改账户类型

例如，将 xiaoqiu 的账户改为管理员账户，具体操作步骤如下：

① 在"用户账户"窗口中，单击"管理其他账户"。

② 在"管理账户"窗口中，单击 xiaoqiu 的用户账户图标。

③ 在"更改账户"窗口中，单击"更改账户类型"。

图 6–45   选择新图片

④ 在"更改账户类型"窗口(图 6–46)中选择"管理员",单击"更改账户类型"按钮即可。

图 6–46   更改账户类型

5. 删除账户

例如,删除"xiaoming"账户同时删除用户的文件,具体操作步骤如下:

① 在"管理账户"窗口中,单击 xiaoming 账户。

② 在"更改账户"窗口(图 6-42)中,单击"删除账户"。

③ 在删除账户时(图 6-47),当出现"是否保留 xiaoming 的文件?"时,单击"删除文件"按钮即可。

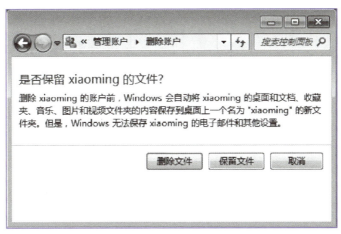

图 6-47　删除账户

提 示

　　用户可以创建一个新账户、更改账户名称、创建密码、更改密码、删除密码、更改图片、设置家长控制、更改账户类型、删除账户和管理其他账户。如果一个标准用户要管理其他账户就需要管理员账户授权。

技能拓展

使用"计算机管理"工具管理用户账户

　　右击桌面上"计算机"图标,在弹出的快捷菜单中选择"管理"命令可以打开"计算机管理"窗口。也可以先打开"控制面板"的"系统和安全"中"管理工具"窗口,再双击"计算机管理"快捷方式图标。

　　在"计算机管理"窗口(图 6-48)中可以实现本地用户和组管理、设备管理、磁盘管理、共享文件夹管理、任务计划管理和事件查看等。通过"计算机管理"中的"本地用户和组"也可以实现用户账户的创建、更改、启用和禁用等操作。

　　(1) 创建新用户

　　通过"计算机管理"窗口可以创建新用户。例如,创建新用户 xiaozhang,则展开左侧窗格中的"本地用户和组",右击中间窗格中的空白行,在弹出的快捷菜单中选择"新

用户",在"新用户"对话框中输入用户名"xiaozhang",单击"创建"按钮,如图 6-49
所示。

图 6-48 "计算机管理"窗口

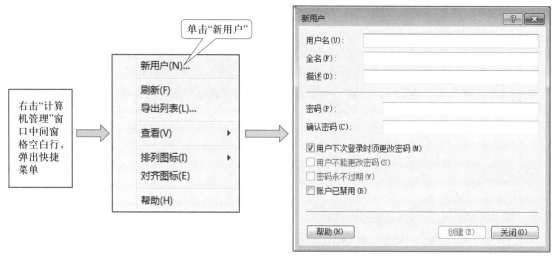

图 6-49 创建新用户

(2) 设置账户密码

通过"计算机管理"窗口还可以重置密码。例如,将 xiaoqiu 的密码重置为"2020Qiu,X",
则在"计算机管理"窗口的中间窗格(图 6-50),右击账户 xiaoqiu,在弹出的快捷菜单中选择
"设置密码",在"为账户设置密码"对话框中输入新密码、确认密码"2020Qiu,X",最后单击
"确定"按钮。

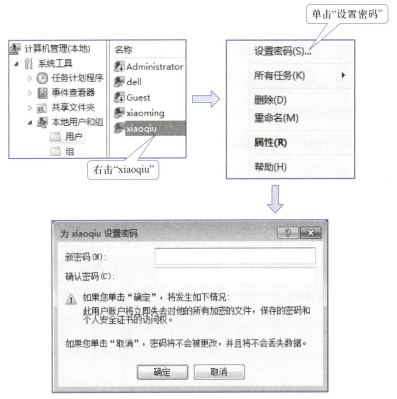

图 6-50　设置密码

（3）删除账户

利用"计算机管理"窗口还可以删除账户。例如，删除"xiaoming"的账户，则右击中间窗格中的 xiaoming 账户，在弹出的快捷菜单中选择"删除"，在删除账户确认对话框中单击"是"按钮。

（4）启用 Administrator 账户

Administrator 是 Windows 7 内置管理员，默认该账户是禁用。如果用户要启用 Administrator 账户，首先在"计算机管理"窗口中间窗格，右击 Administrator 账户，在弹出的快捷菜单中选择"属性"，在"Administrator 属性"对话框中，取消选择"账户已禁用"，单击"确定"按钮。

讨论与学习

1. 尝试建立 Windows 自带的 Administrator 的影子账户。
2. 尝试利用"计算机管理"更改账户类型。

 ## 巩固与提高

1. 帮助父母创建一个标准用户账户。
2. 更改父母账户类型为管理员，并创建密码"1234567890Aa."。

任务 5　维护 Windows

随着计算机使用时间的推移,Windows 系统漏洞越来越多被发现,计算机产生的垃圾文件、磁盘碎片等不断增多,系统运行变慢,启动应用程序出现卡顿,甚至出错。这就需要对计算机及 Windows 系统进行必要维护,以提高其活力。

 任务情景

计算机工作室给小邱配了一台新计算机,刚拿到时计算机启动、运行都非常快。一年过后,他发现整体性能大不如前,开机启动慢了不少,他想怎么才能让它能回到以前那样快。经过学习,发现 Windows 7 也需要维护。

 知识准备

1. 磁盘分区

磁盘分区就是使用分区工具把磁盘划分为几个逻辑部分。

新购买的磁盘在使用之前必须先进行初始化,可以将磁盘初始化为 MBR(主引导记录),也可以初始化为 GUID 分区表(全局唯一标记分区表,GPT)分区形式。基本磁盘是一种包含主磁盘分区、扩展磁盘分区或逻辑驱动器的物理磁盘。基本磁盘上的分区和逻辑驱动器被称为基本卷。

在一个 MBR 分区表的硬盘中最多只能存在 4 个主分区或 3 个主分区加一个扩展分区。扩展分区不能直接使用,它必须先划分为逻辑驱动器,才可以使用。一个扩展分区可以建立任意多个逻辑驱动器。

2. 磁盘碎片

磁盘碎片指的是硬盘读写过程中产生的不连续文件。

使用虚拟内存时,会频繁读写硬盘,会产生大量碎片;硬盘上非连续写入的文件会产生磁盘碎片;在网上下载大文件时也会产生碎片。

如果磁盘碎片过多,在读取文件时需要在多个碎片之间跳转,增加了等待盘片旋转到指定扇区和磁头切换磁道所需的寻道时间,影响系统效能。

3. 还原点

还原点表示计算机系统文件的存储状态。Windows "系统还原" 会按特定的时间间隔创建还原点,还会在检测到计算机开始变化时创建还原点。此外,还可以在任何时候手动创建还原点。

当软件或系统出现故障时,我们可以将系统还原到之前的某一还原点,从而使其从故障中恢复。

任务实施

用户根据需要在计算机中安装、卸载相关应用软件,新增了许多用户文档,磁盘空间也会不断减少。磁盘经过较长时间使用后,会产生大量碎片,这就需要用户定期对磁盘进行维护。

1. 维护磁盘

(1) 格式化磁盘

格式化是指对磁盘或磁盘中的分区进行初始化的一种操作,这种操作通常会导致现有的磁盘中所有的文件被清除。因此,在格式化磁盘时要格外谨慎。例如,快速格式化 G 盘,如图 6-51 所示,具体操作步骤如下:

① 在"计算机"窗口中,右击"本地磁盘(G:)",在快捷菜单中选择"格式化"。

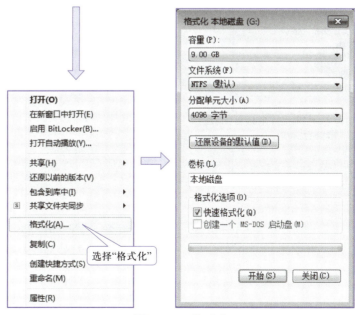

图 6-51　格式化

② 在"格式化"对话框中,勾选"快速格式化",单击"开始"按钮。

③ 在警告格式化将删除 G 盘上所有数据时,单击"确定"按钮。

④ 格式化完毕后,单击"确定"按钮。

> **提 示**
>
> 　用户也可以通过"计算机管理"工具中的"磁盘管理"对磁盘进行初始化、创建简单卷、格式化磁盘、实现基本磁盘与动态磁盘相互转换等操作。

(2) 磁盘清理

　磁盘清理可以删除临时文件、清空回收站并删除各种系统文件和其他不再需要的项,释放磁盘空间并让计算机运行得更快。例如,对 C 盘进行磁盘清理,如图 6-52 所示,具体操作步骤如下:

① 打开"计算机"窗口,右击"本地磁盘(C:)"。

② 在"本地磁盘(C:)属性"对话框"常规"选项卡中,单击"磁盘清理"按钮。

③ 在"(C:)的磁盘清理"对话框中勾选要删除的文件,单击"确定"按钮。

④ 在弹出"确实要永久删除这些文件吗?"对话框中,单击"删除文件"按钮,完成磁盘清理。

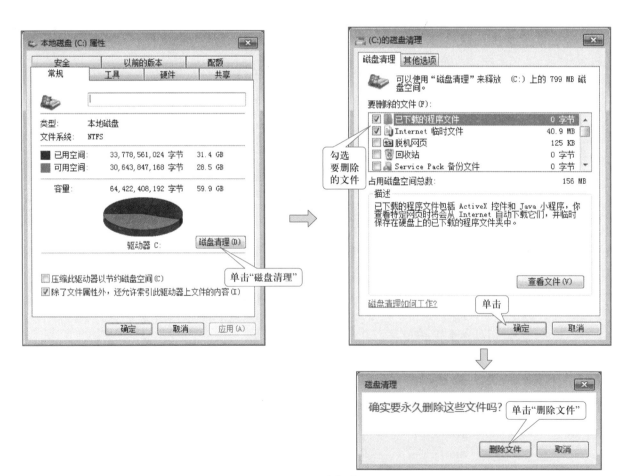

图 6-52　磁盘清理

（3）碎片整理

碎片整理对磁盘在长期使用过程中产生的碎片和凌乱文件重新整理，可以提高计算机的整体性能和运行速度。磁盘碎片整理程序可以按计划自动运行，但也可以手动分析磁盘和驱动器以及对其进行碎片整理。例如，对 C 盘进行碎片整理，如图 6–53 所示，具体操作步骤如下：

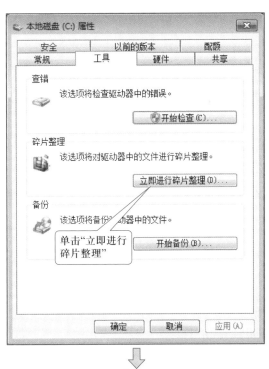

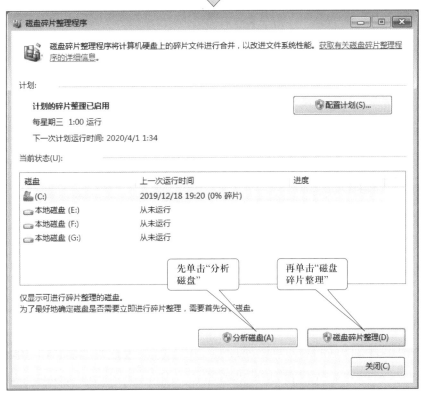

图 6–53　碎片整理

① 打开"计算机"窗口中，右击"本地磁盘(C：)"。

② 在"本地磁盘(C：)属性"对话框的"工具"选项卡中，单击"立即进行碎片整理"按钮。

③ 在"碎片整理程序"窗口，可以"配置计划"定期进行碎片整理，也可以单击"分析磁盘"按钮，进行磁盘分析，如碎片高于 10%，单击"碎片整理"按钮，自动进行碎片整理，直至完成。

 提示

如果计算机使用固态硬盘，最好不要使用碎片整理，否则将缩短固态硬盘的使用寿命。

2. 使用 Windows 备份与还原

由于误操作或病毒感染等原因，有些重要的数据需要进行备份，在紧急情况下可利用备份数据进行还原，避免造成不必要的损失。Windows 7 提供了文件备份和系统镜像备份两种备份方式。

（1）备份文件

Windows 为所有用户提供了文件备份功能。用户可以选择备份的内容或者备份的个别文件夹、库和驱动器，并自动勾选 Windows 所在驱动器的系统映像。在默认情况下，Windows 根据计划定期自动备份，用户也可以手动创建备份。设置备份之后，Windows 将跟踪新增或修改的文件和文件夹并将它们添加到备份中。

① 在"控制面板"中，单击"系统和安全"下的"备份您的计算机"，打开"备份和还原"窗口（图 6-54）。

② 如果首次使用备份，单击"设置备份"，然后按照向导中的步骤操作。如果以前创建了备份，则可以等待定期计划备份发生，或者可以通过单击"立即备份"手动创建新备份。

（2）还原文件

从备份中还原文件，可以还原丢失、受到损坏或意外更改的备份版本的文件。也可以还原个别文件、文件组或者已备份的所有文件系统映像（系统映像是驱动器的精确映像，它包含 Windows 和系统设置、程序及文件）。

① 通过"控制面板"打开"备份和还原"窗口。

② 如果要还原当前用户的文件，单击"还原我的文件"按钮。如果要还原所有用户的文件，单击"还原所有用户的文件"。

③ 根据还原向导完成还原文件。

（3）创建还原点

系统还原会根据计划每周自动创建还原点，并且当系统还原检测到计算机开始发生更改时（如安装程序或驱动程序），也将自动创建还原点。用户也可以手动创建还原点，例如，创建一个描述为"2020backup"的还原点，如图 6-55 所示，具体操作步骤如下：

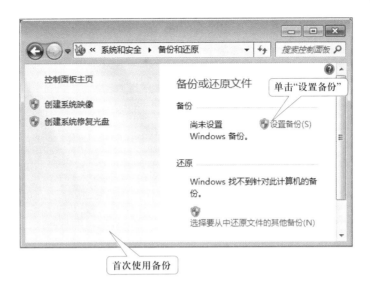

图 6-54　"备份和还原"窗口

① 右击桌面上的"计算机图标",选择快捷菜单中"属性"。

② 在"系统"窗口中,单击左侧窗格中的"系统保护"。

③ 在"系统属性"对话框中,选择"系统保护"选项卡,然后单击"创建"按钮。

④ 在"系统保护"对话框中,输入"2020backup",然后单击"创建"命令。

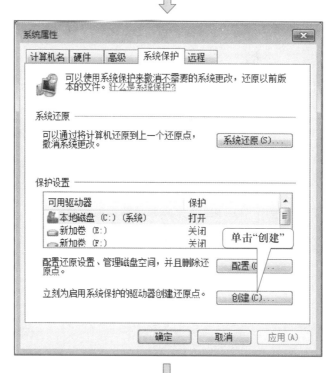

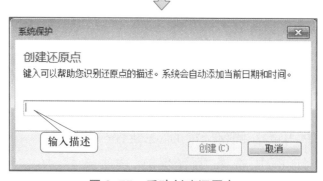

图 6-55   手动创建还原点

（4）系统还原

系统还原可帮助用户将计算机的系统文件及时还原到早期的还原点。此方法可以在不影响个人文件（如电子邮件、文档或照片）的情况下，撤销对计算机所进行的系统更改。例如，将系统还原到描述为"2020backup"的还原点，还原步骤如下：

①　在"系统属性"对话框的"系统保护"选项卡中，单击"系统还原"按钮。

②　在"将计算机还原到所选事件之前的状态"时，如图 6-56 所示，选择描述为"2020backup"的还原点，单击"下一步"按钮。

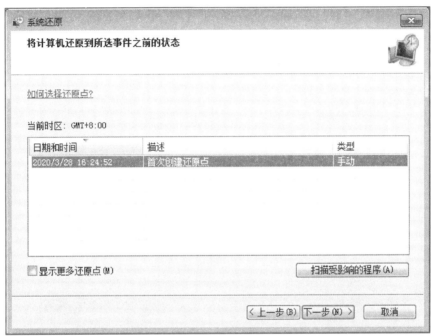

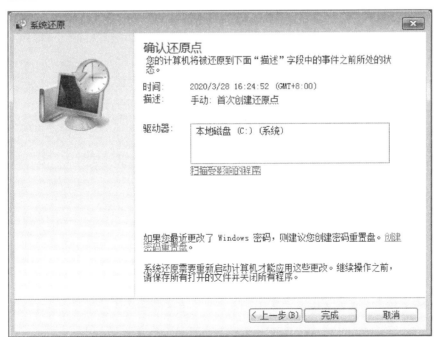

图 6-56　系统还原

③ 在"确认还原点"时,单击"完成"按钮,直到系统还原成功。

3. 使用一键还原软件

一键还原软件是一款"傻瓜式"的系统备份和还原工具,操作界面如图 6-57 所示。支持

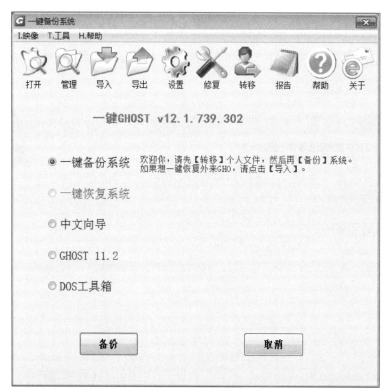

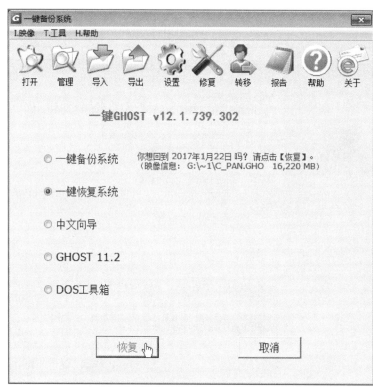

图 6-57　使用"一键还原"软件

Windows 7/8/10 等系统及更早版本,具有安全、快速、保密性强、压缩率高和兼容性好等特点,特别适合计算机新手和担心操作麻烦的人使用。

 技能拓展

1. 禁用开机启动项

为保证计算机启动速度更快,我们需要禁用不必要的开机启动项,当然在进行开机启动项的禁用操作时需要充分了解开机启动项,以免将系统运行必要的启动项禁用,造成系统无法正常启动或使用。我们可以使用第三方提供的管理工具(如 360 安全卫士)对启动项进行启用或禁用,也可使用 Windows 自带的"系统配置"进行管理(图 6-58)。

例如,禁止"VMware Tools"开机启动。

① 在"控制面板"的"管理工具"窗口中,双击"系统配置"快捷方式图标或在"运行"对话框中输入"msconfig"确定。

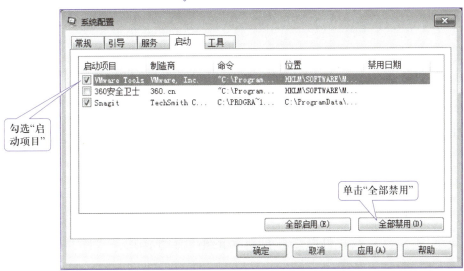

图 6-58　禁用开机启动项

② 在"系统配置"对话框的"启动"选项卡中,勾选"VMware Tools"启动项目,单击"全部禁用"按钮即可。

2. 检查硬盘错误

通过"磁盘查错"可以自动修复文件系统错误,恢复磁盘中的坏扇区。例如,检查 C 盘并自动修复文件系统错误,如图 6-59 所示。

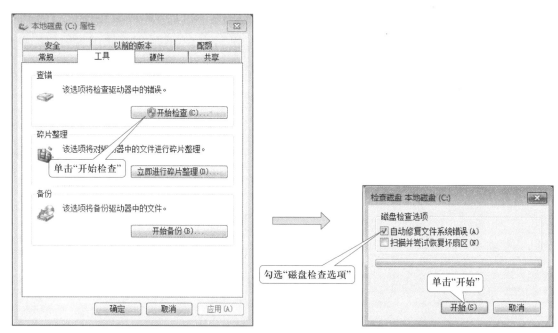

图 6-59　检查磁盘

① 在"计算机"窗口中,右击选中 C 盘,选择快捷菜单中的"属性"。

② 在磁盘属性对话框的"工具"选项卡中,单击"开始检查"按钮。

③ 在"检查磁盘"对话框中,勾选"自动修复文件系统中错误",单击"开始"按钮。计算机会在下次启动时完成硬盘错误检查。

3. 管理电源

"电源计划"是管理计算机如何使用电源的硬件和系统设置的集合。合理的电源计划可以减少能耗、最大限度地提升计算机性能或实现两者的平衡。

（1）创建电源计划

Windows 7 自带三种电源计划,即平衡、节能和高性能,默认的电源计划是平衡。电源计划描述见表 6-1。

默认的电源计划可以满足大多数用户的需要,用户也可以创建一个适合自己的电源计划。例如,创建"演示"的电源计划,可以以三种自带的电源计划中的一种为基础来创建电源计划,步骤如下:

表 6-1　电 源 计 划

电源计划	描述
平衡	既可提供最高性能,也可以节能,根据需要在两者间自动切换,适合大多数人选
高性能	运行在最高性能状态,不利于节能
节能	通过系统性能和屏幕亮度来节能,适用于笔记本电脑,能尽量延长电池的使用时间

① 在"控制面板"的"系统和安全"中,单击"电源选项"。

② 单击"电源选项"窗口(图 6-60)左侧的"创建电源计划"。

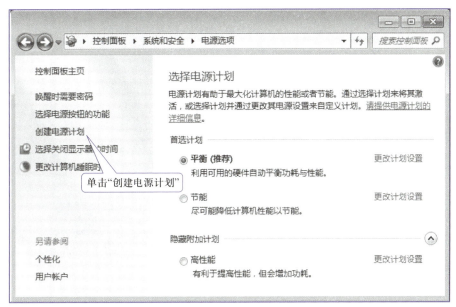

图 6-60　"电源选项"窗口

③ 在"创建电源计划"窗口中选择一种最贴近需要的计划,如"平衡",输入计算机名称"演示",单击"下一步"按钮,如图 6-61 所示。

④ 在"编辑计划设置"窗口中,选择关闭显示器和计算机进入睡眠状态时间为"从不",单击"创建"按钮。

(2) 定义电源按钮并启用密码保护

例如,定义电源按钮为"关机",唤醒时需要密码保护,则首先单击"电源选项"窗口左侧的"选择电源按钮的功能",其次在"系统设置"窗口(图 6-62),定义电源按钮为"关机"并启用唤醒时需要密码保护,最后单击"保存修改"按钮即可。

4. 使用 Windows 任务管理器

任务管理器是在 Windows 系统中管理应用程序和进程的工具。通过任务管理器可以查看正在运行的程序和进程及对内存、CPU 的占用情况,也可以结束某些程序和进程,还可以监控系统资源的使用状况。

例如,查看 CPU 的占用情况,则右击任务栏上的空白区域,选择快捷菜单中的"任务管理器”选项,也可以通过按“Ctrl+Shift+Esc”组合键来启动任务管理器,便可以看到每个进程占用 CPU 的情况。

图 6-61　创建电源计划

5. 管理 Windows 自动更新

Windows 7 通过自带的“Windows Update”来更新系统。例如,将自动安装更新时间设置为每天的 3:00 进行,则首先在“控制面板”的“系统和安全”中单击“Windows Update”,然后单击左侧的“更改设置”(图 6-63),最后选择“自动安装更新”,将自动更新时间设置为每天的 3:00,单击“确定”按钮即可。

图 6-62 定义电源按钮并启用密码保护

图 6-63 更改 Windows Update 设置

6. 使用第三方软件系统优化

系统优化软件尽可能减少计算机执行少的进程,更改工作模式,删除不必要的中断让机器运行更有效,优化文件位置使数据读写更快,空出更多的系统资源供用户支配,以及减少不必要的系统加载项及自启动项。

目前,比较流行的第三方系统优化软件有 360 安全卫士、腾讯电脑管家、鲁大师等。例如,使用 360 安全卫士进行系统优化,操作如下。

（1）计算机清理

计算机清理可以清理计算机中的垃圾,清除一些不必要的插件,清除计算机使用产生的痕迹。

（2）系统修复

微软公司于 2020 年 1 月 14 日停止对 Windows 7 进行安全更新的支持。为了保障 Windows 7 系统安全,我们可以通过 360 安全卫士对系统漏洞扫描、修复功能,避免隐私泄露。

（3）优化加速

优化加速可以禁止不必要的一些开机启动项（如计划、自动启动的插件、应用软件、服务等）,使计算机开机、运行更快。

讨论与学习

1. 尝试创建 Windows 系统启动盘;
2. 尝试在 Windows 注册表中禁止 QQ 开机自动启动。

巩固与提高

1. 对本地磁盘进行清理磁盘和碎片整理。
2. 优化开机启动项,备份 Windows 系统。

任务 6　使用 CMD 命令

磁盘操作系统（Disk Operating System, DOS）是一种面向磁盘的字符界面的操作系统。早期的 Windows 是基于 DOS 下的图形界面,当前 Windows 版本中依然保留了 MS-DOS 的核心。命令提示符是 Windows 的一个功能,提供了输入 CMD 命令环境。通过输入命令,可以在计算机上执行任务。

任务情景

小邱听同学说,不在图形界面下也可以完成 Windows 7 中的文件和文件夹的操作,可他尝试了多次还是失败了。他请教计算机工作室的指导教师,在指导教师的耐心讲解下,他终于能够使用 CMD 命令进行文件和文件夹的操作了。

知识准备

1. CMD 命令

CMD 是 Windows 的命令提示符。通过"命令提示符"窗口,可以运行常用的 CMD 命令,完成相应任务,甚至可以完成图形不易完成或不易观察的操作结果,如网络测试命令的执行等。

(1) 打开"命令提示符"窗口

单击"开始"菜单→所有程序→附件→命令提示符。

(2) 关闭"命令提示符"窗口

单击"命令提示符"窗口右上角的"关闭"按钮或在命令提示符后输入命令"EXIT"再按"Enter"键。

2. 常用的 CMD 命令(见表 6-2)

表 6-2　常用的 CMD 命令

命令	作用	命令	作用
DIR	显示文件目录	MD	新建文件夹
COPY	复制文件	REN	重命名
DEL	删除文件	CD	改变当前目录
FORMAT	格式化磁盘		

3. 常用命令格式及功能

(1) 操作文件和文件夹

• 显示文件目录——DIR 命令

格式:DIR［盘符:］［路径］\ 文件夹名［/P］［/W］［/S］

参数意义:

/P　满屏暂停,按任意键继续;

/W　宽屏显示;

/S　显示指定位置目录下的文件,含子目录。

例:在 D 盘根文件夹下的所有文件和文件夹,满屏暂停。

DIR　D:\ /P/S

• 新建文件夹——MD 命令

格式:MD［盘符:］［路径］\ 文件夹名

　　　MKDIR［盘符:］［路径］\ 文件夹名

例:在 D 盘根文件夹下的 TEST 文件夹下新建 IMG 文件夹。

MD D:\TEST\IMG

说明：如果 D 盘根文件夹 TEST 文件夹不存在，则先在 D 盘的根文件夹下新建 TEST 文件夹，再在 TEST 下新建 IMG 文件夹。

- 复制文件——COPY 命令

格式：COPY 源文件名 目标文件名

例：将 C 盘根文件夹下的 ABC 文件夹下的 FENG1.JPG 文件复制到 D 盘根文件夹下的 TEST 文件夹下的 IMG 文件夹下，文件名为 QILIU.JPG。

COPY C:\ABC\FENG1.JPG D:\TEST\IMG\QILIU.JPG

例：将当前目录中的 A.TXT 和 B.TXT 文件合并复制为 AB.TXT 文件。

COPY A.TXT+B.TXT AB.TXT。

- 重命名文件和文件夹——REN 命令

格式：REN［盘符 1:］［路径］文件名 1　文件名 2

或　　RENAME［盘符 1:］［路径］文件名 1　文件名 2

例：将 C 盘根文件夹下的 ABC 文件夹下的 FENG2.JPG 文件重命名为 HELIU.JPG。

REN C:\ABC\FENG2.JPG　HELIU.JPG

例：将 C 盘根文件夹下的 ABC 文件夹重命名为 EXAM。

REN C:\ABC　EXAM

- 删除文件——DEL 命令

格式：DEL［盘符:］［路径］\ 文件名

例：删除 C 盘根文件夹下的 TEST 文件夹中的 READ.TXT 文件。

DEL C:\TEST\READ.TXT

例：删除 C 盘根文件夹下的 PHOTO 文件夹中所有文件。

DEL C:\PHOTO

提示

使用 CMD 命令对文件或文件夹进行操作时，也可以用通配符 *（星号）和? (问号)。

- 改变或显示当前目录——CD 命令

格式：CD［盘符:］［路径］\ 文件夹名

例：将当前目录改为 EXAM 文件夹。

C:\Users\dell>cd\exam

C:\Exam>

(2) 格式化磁盘

格式：FORMAT［盘符:］［/FS:文件系统］［/Q］

参数意义：

/FS：文件系统　把磁盘格式化成指定文件系统的磁盘，如 NTFS；

/Q：快速格式化磁盘；

例：快速将 U 盘格式化成 NTFS 文件系统。

FORMAT G:/FS:NTFS/Q

格式化磁盘操作结果如图 6-64 所示。

图 6-64　格式化磁盘操作结果

任务实施

1. 使用 CMD 命令完成文件和文件夹操作

① 在 D 盘根文件夹下新建 Tools 文件夹；

② 查看 C 盘根文件夹下的文件和文件夹目录；

③ 将 C 盘根文件夹中"工具"文件夹的所有文件复制到 D:\Tools 下；

④ 删除 C 盘根文件夹下的 Exam 文件夹中所有文件。

操作步骤如下：

① 选择"开始"→"所有程序"→"附件"→"命令提示符"；

② 输入命令"md d:\tools"，按"Enter"键；

③ 输入命令"dir c:*.*/w"，按"Enter"键；

④ 输入命令"copy c:\ 工具 *.*　d:\tools"，按"Enter"键；

⑤ 输入命令"del c:\exam"，按"Enter"键。

2. 使用 CMD 命令格式化磁盘

例如，使用 CMD 命令将 F 盘快速格式化为 FAT32 格式，则在命令提示符下，输入"FORMAT F:/FS:FAT32/Q"，按"Enter"键即可。

技能拓展

1. 显示或更改文件属性——ATTRIB 命令

格式:ATTRIB［±A］［±R］［±H］［±S］［盘符:］［路径］［\文件夹名］

参数意义:

±A 将文件设置为或取消存档属性;

±R 将文件设置为或取消只读属性;

±H 将文件设置为或取消隐藏属性;

±S 将文件设置为或取消系统属性。

例如,显示 C 盘根文件夹下所有文件属性,则输入命令"attrib",按"Enter"键即可,如图 6-65 所示。

图 6-65 显示文件属性

例如,将 E 盘根 TEST 文件夹下的 survey.txt 文件设置为只读、隐藏属性,则输入"attrib +r +h e:\test\survery.txt",按"Enter"键即可。

2. 移动文件和文件夹——MOVE 命令

格式:MOVE［盘符:］［路径］\ 文件夹名 目标位置

例如将当前 C 盘根目录下的 EXAM 文件夹中所有文件移动到 E 盘 TEST 文件夹,则输入"move c:\exam*.* e:\test",按"Enter"键即可。

 讨论与学习

1. 尝试使用 CMD 命令对文件夹进行重命名。

2. 尝试复制文件夹。

➕➖➗🟰 巩固与提高

1. 尝试使用 CMD 命令取消文件的只读属性。
2. 使用 CMD 命令将 U 盘中的内容备份,格式化 U 盘。

单 元 小 结

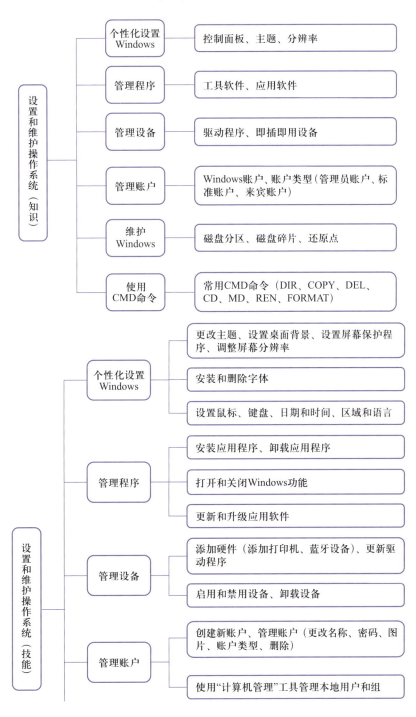

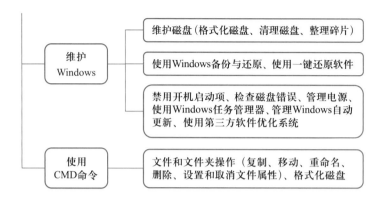

综 合 实 训

一、优化系统

① 进行磁盘清理、检查并修复磁盘错误、碎片整理。

② 将电源计划设置为"节能"模式。

③ 将 Windows 自动更新时间设置为每天的 8∶30。

④ 禁止百度网盘、微软 Office 同步程序和 QQ 程序开机启动。

二、备份

① 使用 Windows 7 自带备份功能对 Windows 系统进行备份,备份文件放到本地磁盘(E:)。

② 备份 xiaoqiu 个人文件夹到 E:\。

③ 将 Windows 7 注册表备份到 E:\,文件名为 backupsystem.reg。

习题 6

一、填空题

1. Windows 7 的控制面板提供了_____、_____和_____三种视图方式。

2. 所有的硬件设备都需要安装相应的_____才能正常工作。

3. 在 Windows 7 下,_____桌面空白位置,选择"个性化",可在"个性化"窗口中设置主题、桌面背景、窗口颜色、声音和屏幕保护程序。

4. Windows 7 提供了_____、_____和_____三种类型的账户。

5. Windows 7 内置的管理账户名称为_____。

6. 在一个 MBR 分区表的硬盘中最多只能存在_____个主分区或_____个主分区加一个扩展分区。

7. 在 Windows 命令提示符窗口中,输入命令_____后按"Enter"键,可以关闭命令提示符窗口。

8. 使用 CMD 命令对文件或文件夹进行操作时,通配符 *(星号)代表_____,?(问号)代表_____。

9. Windows 7 自带三种电源计划,即平衡、_____和_____。

10. _____是计算机上的图片、颜色和声音的组合。它包括桌面背景、屏幕保护程序、窗口边框颜色和声音方案。

二、单项选择题

1. 桌面背景中图片在屏幕上显示位置默认为(   )。

    A. 填充   B. 平铺   C. 拉伸   D. 居中

2. 以下关于屏幕保护程序说法中,错误的是(   )。

    A. 屏幕保护程序可以节约电能   B. 屏幕保护程序可以延长显示器寿命

    C. 屏幕保护程序可以关闭显示器   D. 屏幕保护程序可以增强计算机安全

3. 更改桌面背景图,应使用控制面板的(   )组。

    A. 系统和安全   B. 网络和 Internet

    C. 外观和个性化   D. 程序

4. 卸载应用程序说法中,错误的是(   )。

    A. 可以使用应用程序自带的卸载程序进行卸载

    B. 可以使用"控制面板"的"程序"组中的"卸载程序"进行卸载

    C. 可以使用第三方软件管理进行卸载

    D. 可以通过直接删除程序所在的文件夹完成卸载

5. 下面关于屏幕分辨率说法中正确的是(   )。

    A. 屏幕分辨率越大,图片看起来越大

    B. 屏幕分辨率越低,图片看起来越小

    C. 屏幕分辨率越大,图片看起来越清晰

    D. 屏幕分辨率越低,显示的图片越清晰

6. Windows 7 的(   )的权限最低。

    A. 管理员账户   B. 来宾账户   C. 标准账户   D. 备份账户

7. 在 Windows 7 下,当磁盘出现文件系统错误时,应使用(   )操作。

    A. 查错   B. 碎片整理   C. 格式化   D. 备份

8. 在 Windows 7 下,当磁盘出现大量不连续文件,可通过(   )提高磁盘的读写速度。

    A. 查错   B. 碎片整理   C. 格式化   D. 备份

9. 当磁盘碎片超过(   )时,建议进行碎片整理。

    A. 5%   B. 8%   C. 10%   D. 以上都不是

10. 在 Windows 7 运行对话框中输入(   )确定,可以打开"系统配置"对话框。

    A. cmd   B. msconfig   C. regedit   D. config

11. Windows 7 默认使用的电源计划为(   )。

    A. 节能   B. 平衡   C. 高性能   D. 能源之星

12. 打开 Windows 7 任务管理器的快捷键为(   )。

    A. "Ctrl+ 空格"   B. "Ctrl+Esc"

    C. "Ctrl+Shift"   D. "Ctrl+Shift+Esc"

13. 在"运行"对话框中输入(   )并单击"确定"按钮,可以打开 Windows 命令提示符窗口。

    A. open   B. cmd   C. exit   D. quit

14. 重命名文件或文件夹的命令是（　　　　）。

    A. copy   B. dir   C. format   D. ren

15. 使用 attrib 命令将 test.docx 文件设置为隐藏属性，需要使用（　　　）选项。

    A. +A   B. +H   C. +R   D. +S

三、多项选择题

1. 通过控制面板中的程序组可以进行（　　　　　　）操作。

    A. 打开或关闭 Windows 功能   B. 可以卸载应用程序

    C. 可以更新 Windows 系统   D. 卸载或更改应用程序

2. 标准用户账户无需管理员授权可以更改本账户的（　　　　　　）。

    A. 用户名   B. 密码   C. 图片   D. 账户类型

3. 在"计算机管理"窗口中，管理员进行本地账户和组管理时，可以（　　　　　　）。

    A. 更改账户名称   B. 重置账户密码

    C. 设置账户下次启动时更改密码   D. 禁用账户

4. 利用 Windows 7 "控制面板"中的"程序和功能"，可以进行（　　　　　　）。

    A. 卸载应用软件   B. 可以更改应用软件

    C. 可以复制应用程序副本   D. 可以对程序进行重命名

5. 在 Windows 7 下，（　　　　　　）可能产生磁盘碎片。

    A. 使用虚拟内存   B. 频繁读写硬盘

    C. 从 Internet 上下载大文件   D. 未做好防尘工作

四、判断题

1. 用户可以通过 Windows 的控制面板，进行几乎所有的外观和工作方式设置。（　　　）

2. Windows 7 所有主题都具有 Aero 效果。（　　　）

3. 屏幕保护程序通过恢复时显示登录屏幕来增强计算机安全。（　　　）

4. 在计算机中，鼠标是一种最基本的输入设备。（　　　）

5. 当出现更高版本的应用软件时，用户必须将它升到最新版本，否则不安全。（　　　）

6. 用户可以通过删除应用程序的快捷方式达到卸载该软件的目的。（　　　）

7. 在计算机中，所有的硬件设备都需要驱动程序。（　　　）

8. Windows 7 的 Guest 账户默认是启用。（　　　）

9. 在 Windows 7 下，如果把一个账户添加到 administrators 组中，该账户的类型将变成管理员。（　　　）

10. 磁盘分区时，用户可以在逻辑分区中创建扩展分区。（　　　）

使用 Windows 附件

Windows 系统中带有一些常用系统工具和实用工具软件,短小精悍,方便实用。在"开始"菜单中"所有程序"下的"附件"中可以方便地启动这些工具。

学 习 要 点

(1) 掌握"记事本""写字板""画图"程序的使用方法;
(2) 掌握"计算器"的使用方法。

工 作 情 景

在授课老师的教导及计算机工作室的实训锻炼下,小邱已经学会了很多计算机专业知识和技能,如怎样查看计算机的硬件配置,怎么往计算机里输入文字,如何在磁盘中创建文件等。他对学习计算机产生了浓厚的兴趣,打算学习更多的专业知识。

任务 1 使用"记事本"和"写字板"

"记事本"和"写字板"是 Windows 系统自带的文本编辑器,从 1985 年发布的 Windows 1.0 开始到目前的 Windows 10,所有的 Windows 版本都内置这两个程序。

"记事本"是只支持纯文本格式的文本编辑器,创建的文件类型为 .txt,常用于修改系统的配置文件,创建简单网页文件,去除文档的格式,编写批处理文件和脚本等,它的优点就是打开快、产生的文件小。

　　"写字板"是一款简单的文字编辑软件,可用各种不同的字体和段落样式来编排文档,还可插入图片等对象,创建的文件类型是 .rtf,是一个简版的 word。

 任务情景

　　计算机工作室的指导教师让小邱把学校新买的联想计算机的硬件配置信息登记为电子文档,以便存档。小邱以前做笔记只会用纸质笔记本,不知道怎么做电子笔记,赶快请教,指导教师告诉他,Windows 自带了一个"记事本",可以用它来记事。很快小邱用"记事本"完成了指导教师的任务,但是他发觉这个文档只有文字,他想在里面加张图片,通过网上搜索,他了解到Windows 还有一个自带工具——"写字板"可以帮他做这件事。

知识准备

1. "记事本"操作界面

　　"记事本"窗口由标题栏、菜单栏和文档编辑区组成,如图 7-1 所示。

　　标题栏用于显示当前文档的名称。菜单栏集合了五组常用操作命令,单击菜单栏中的菜单命令将会出现一个下拉菜单。文档编辑区用于文档的输入和编辑。

图 7-1　"记事本"窗口

2. "写字板"操作界面

　　"写字板"窗口由标题栏、功能区、标尺和缩放栏和文档编辑区等部分组成,如图 7-2 所示。

（1）标题栏

　　左侧为快捷访问工具栏,默认有"保存""撤销""重做"三个按钮。

（2）标尺和缩放栏

　　标尺为用户提供文字位置的参考依据,通过标尺可以控制文字在写字板中的缩进位置。缩放栏用于显示当前文档编辑的显示比例,拖动其中的滑块可以调整其显示比例。

（3）功能区

　　由"写字板"按钮、"主页"选项卡和"查看"选项卡组成。单击"写字板"按钮,可进行文档的新建、保存等操作。"主页"选项卡中主要集合了各种文字编辑按钮。"查看"选项卡中则提供了查看文档的各种工具。

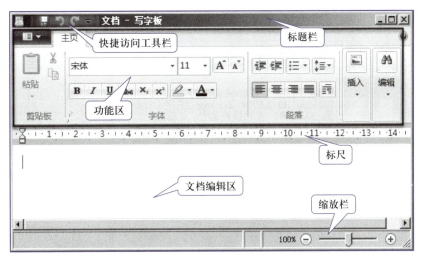

图 7-2 "写字板"窗口

（4）文档编辑区

用于文档的输入和编辑，结合功能区的"主页"选项卡，可以完成文档的各种编辑任务。

 **任务实施**

根据图 7-3 所示计算机硬件配置信息，先使用"记事本"编写计算机硬件配置信息，保存成"记事本"文档，再使用写字板对该文档进行美化。

图 7-3 计算机硬件配置信息

1. 打开"记事本"

方法一：选择"开始"→"所有程序"→"附件"→"记事本"。

方法二：运行框中输入"notepad.exe"。

2. 编写内容

根据图 7-3 所示内容，在文档编辑区输入文本，如图 7-4 所示。

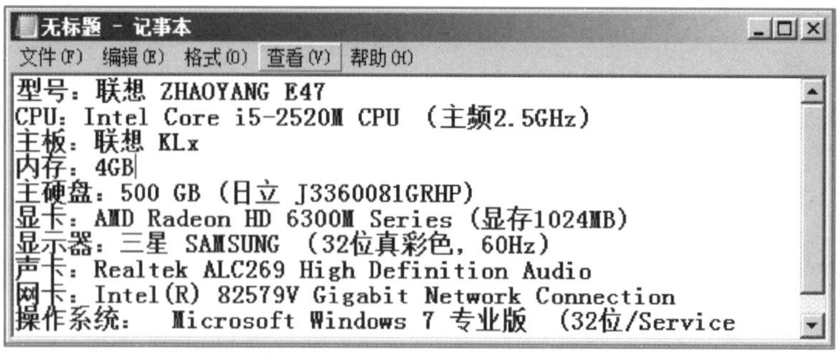
无标题 - 记事本
文件(F)　编辑(E)　格式(O)　查看(V)　帮助(H)
型号：联想 ZHAOYANG E47
CPU：Intel Core i5-2520M CPU （主频2.5GHz）
主板：联想 KLx
内存：4GB
主硬盘：500 GB（日立 J3360081GRHP）
显卡：AMD Radeon HD 6300M Series（显存1024MB）
显示器：三星 SAMSUNG （32位真彩色，60Hz）
声卡：Realtek ALC269 High Definition Audio
网卡：Intel(R) 82579V Gigabit Network Connection
操作系统：　Microsoft Windows 7 专业版　(32位/Service

图 7–4　文档编辑区

3. 格式化文本

选择“格式”→“字体”菜单命令，在“字体”对话框中，可以对输入的文本进行字体、字形、大小设置，如图 7–5 和图 7–6 所示。

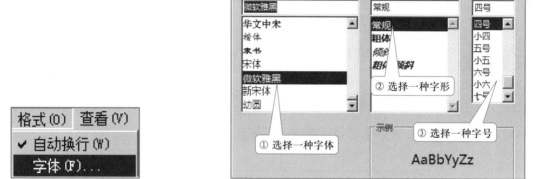

格式(O)　查看(V)
自动换行(W)
字体(F)...

图 7–5　格式菜单

字体
字体(F):
微软雅黑
华文中宋
楷体
隶书
宋体
微软雅黑
新宋体
幼圆
字形(Y):
常规
常规
粗体
倾斜
粗体倾斜
大小(S):
四号
四号
小四
五号
小五
六号
小六
七号
① 选择一种字体
② 选择一种字形
③ 选择一种字号
示例
AaBbYyZz

图 7–6　“字体”对话框

将文档字体设为“微软雅黑”，字形为“常规”，大小为“四号”，效果如图 7–7 所示。

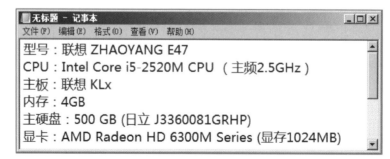

无标题 - 记事本
文件(F)　编辑(E)　格式(O)　查看(V)　帮助(H)
型号：联想 ZHAOYANG E47
CPU：Intel Core i5-2520M CPU （主频2.5GHz）
主板：联想 KLx
内存：4GB
主硬盘：500 GB (日立 J3360081GRHP)
显卡：AMD Radeon HD 6300M Series (显存1024MB)

图 7–7　设置字体效果

4. 编辑文本

文本的复制、移动、删除、查找、替换、插入时间 / 日期等操作，可使用“编辑”菜单中相应命令完成，如图 7–8 所示。

5. 保存文本

文本编辑完成后必须保存文档,记事本保存文档默认扩展名为"txt",可以通过"文件"→"保存"把一个未保存过的文档保存,或选择该菜单里的"另存为"把已保存过的文档转存成别的文档,如图 7-9 所示。

图 7-8 "编辑"菜单　　　　图 7-9 "文件"菜单

选择"保存",将文档名保存为"computer.txt"。

6. 打开"写字板",美化文本

选择"开始"→"所有程序"→"附件"→"写字板",或在运行框输入"write"命令,打开"写字板"之后,通过功能区"写字板"按钮→"打开",找到刚才保存好的文档将其打开进行美化,如图 7-10 所示。

7. 设置不同的字体样式

在"写字板"的"字体"组中,可以针对不同的文本内容设置字体、字号、字形、颜色等,如图 7-11 所示。

图 7-10 "写字板"按钮　　　　图 7-11 "字体"组

① 选中文档标题,将其设置"华文中宋"字体,字号"16"、字形"加粗"、文本颜色为"职业红"。

② 选中正文中每一行冒号前的文本,将其设置为"加粗",效果如图 7-12 所示。

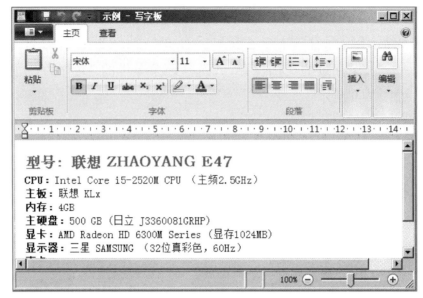

图 7-12   设置"字体"效果

8. 设置段落样式

在"段落"组中,可以设置文本缩进方式、行距、对齐方式等,如图 7-13 所示。

将文档标题行"居中",正文各行行距设为 1.5 倍,效果如图 7-14 所示。

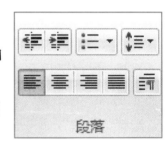

图 7-13   "段落"组

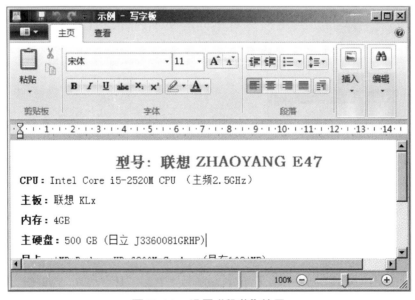

图 7-14   设置"段落"效果

9. 保存文档

选择"保存"命令,默认将新建文档保存成 rft 类型,而"另存为"命令可以修改文档保存位置、名称、类型。由于编辑的是已有 txt 文档,选择"另存为"保存文档,如图 7-15 所示,将文档另存为"计算机配置 .rtf"。

图 7-15　"写字板"菜单

技能拓展

1. "记事本"自动换行功能

选择"格式"→"自动换行"菜单命令,可以使长文本自动换行,在窗口显示区域内完整显示(图 7-16)。

图 7-16　"格式"菜单

2. 保存无格式文本功能

记事本号称"格式过滤器",因为它只能记录纯文本,利用这一点我们可以复制网页中包含各种格式、图片、表格等的内容,在"记事本"里粘贴保存后,就只剩下纯文本了,所有格式被清除干净。

讨论与学习

1. "记事本"与"写字板"的区别?
2. 如果"记事本"中的内容无法完整显示,怎么办?

巩固与提高

1. 使用"写字板"实现简单的图文混排

打开已保存好的"计算机配置 .rtf"文档,单击"主页"选项卡中"插入"组中的"插入图片"按钮,在"选择图片"对话框中选择"练习素材 7-1-1.JPG"文件,单击"打开"按钮,调整图片大小和位置,效果如图 7-17 所示。

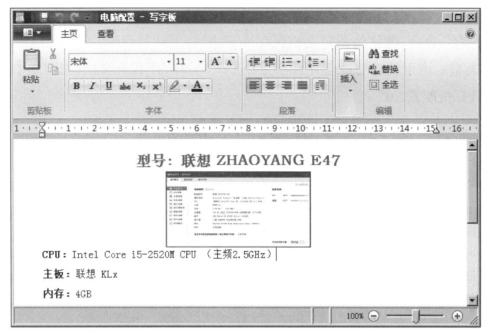

图 7-17   图文混排效果

2. 在"写字板"中插入 PPT 文档

① 打开"写字板"之后,在"主页"选项卡中选择"插入"→"插入对象"命令,如图 7-18 所示。

② 在弹出的"插入对象"对话框中,选中"由文件创建",再单击"浏览"按钮,如图 7-19 所示。

图 7-18   "插入对象"按钮

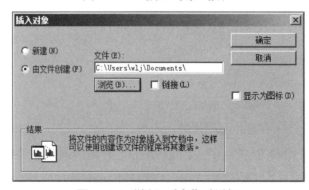

图 7-19   "插入对象"对话框

③ 选择素材文件：练习素材 7-1-2.pptx，插入 PPT 对象，效果如图 7-20 所示。

图 7-20　插入 PPT 对象效果

在"写字板"中还可以插入 Excel、Word 等多种对象，使写字板文档内容更加丰富。

任务 2　使用"画图"

"画图"是 Windows 系统自带的画图工具，使用它除了可以绘制、编辑图片以及为图片着色外，还可以将图案添加到其他图片中，对图片进行简单的编辑。

 任务情景

小邱在上课的时候，老师要求把完成的作业截图交上来。小邱由于之前在计算机工作室学过怎么用 Windows 自带的画图、截图工具来完成，所以他第一个把作业上交了。

 知识准备

"画图"窗口由快捷访问工具栏、"画图"按钮、功能区和画布四个部分组成，如图 7-21 所示。

画图"功能区"包含"画图"按钮、主页、查看三个选项卡，其中"主页"选项卡中提供了画图所需的五大类工具：剪贴板工具、图像工具、辅助绘图工具（包含文字工具）、形状工具和颜色工具。

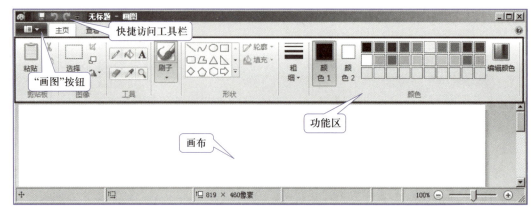

图 7-21 "画图"窗口

 任务实施

1. 打开"画图"

选择"开始"→"所有程序"→"附件"→"画图",或在运行框输入"mspaint",打开"画图"程序,窗口打开的同时,也自动新建了一个文件。

2. 绘制基本图形

在"形状"工具组中选择"椭圆形"工具,如图 7-22 所示,再在"颜色"工具组选择红色,如图 7-23 所示,按住"Shift"键,拖动鼠标在画布上绘制圆形,效果如图 7-24 所示。

图 7-22 "形状"工具组

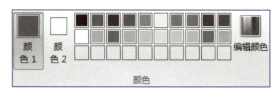

图 7-23 "颜色"工具组

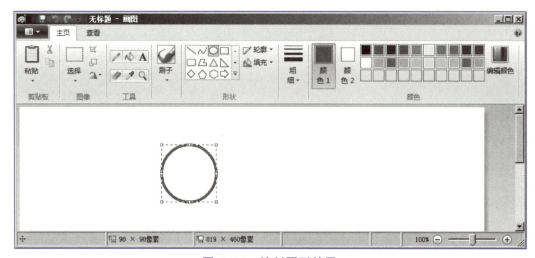

图 7-24 绘制图形效果

3. 编辑图片

① 使用"选择"工具按钮,选中图形,再单击"剪贴板"中"复制"按钮后,连续单击四次"粘贴"按钮,如图 7-25 所示,复制出四个同样的圆形,粘贴后图形会重合在一起,每次粘贴后用鼠标可拖开,粘贴效果如图 7-26 所示。

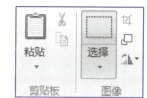

图 7-25　"选择"工具按钮

② 在颜色工具组的"调色板"中选择绿色,再单击辅助工具组中的"颜色填充"工具,如图 7-27 所示,在第二个圆上单击一下,将它改成绿色,重复上面的操作,依次将后面三个圆改成蓝色、黄色、黑色,修改颜色效果如图 7-28 所示。

③ 单击"选择"工具下方的三角,勾选"透明选择"项,如图 7-29 所示,再去选择图形,调整五个圆的位置,位置调整效果如图 7-30 所示。

④ 选择"文本"工具,如图 7-31 所示,打开文本工具箱,如图 7-32所示,选择文字的样式后,单击画布,在文本框中输入文字,设置字体效果如图 7-33 所示。

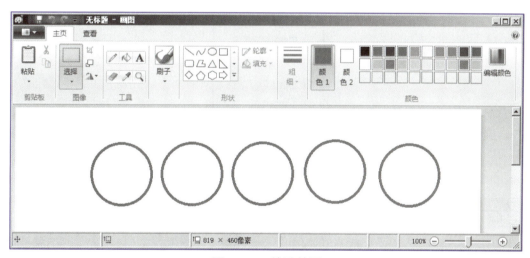

图 7-26　粘贴效果

图 7-27　"颜色填充"工具

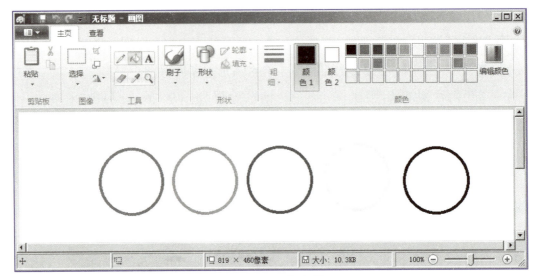

图 7-28　修改颜色效果

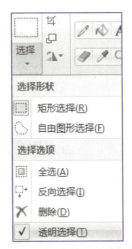

图 7-29　勾选"透明选择"项

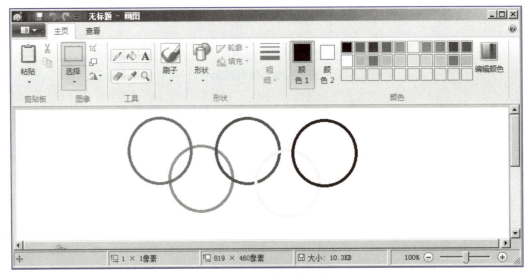

图 7-30　位置调整效果

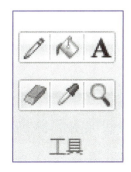

图 7-31　"文本"工具

图 7-32　设置字体

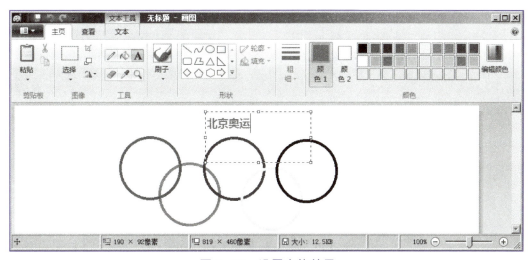

图 7-33　设置字体效果

4. 保存图片

使用"画图"菜单里的保存命令,如图 7-34 所示,将图片保存在指定位置,命名为"奥运 .png"。"画图"程序可以将文件保存成多种图片格式,如 jpeg、png、bmp 和 gif 格式,可根据实际情况选择相应的格式保存文档。

图 7-34　"画图"菜单

技能拓展

截图工具是 Windows 自带的工具,可以截取屏幕任何可见区域的内容,保存成文件或复制到别的应用里去。

（1）打开截图工具

通过"开始"→"所有程序"→"附件"→"截图工具"可打开，如图 7-35 所示。

（2）截取"计算机"窗口

打开资源管理器，使"计算机"窗口在桌面可见，再单击"新建"下拉按钮，选取"窗口截图"，如图 7-36 所示，此时，窗口已被选中，单击鼠标截图完成，效果如图 7-37 所示。

图 7-35   "截图工具"窗口

图 7-36   "新建"菜单

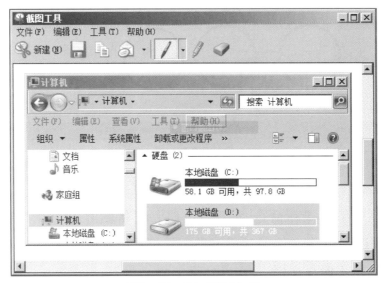

图 7-37   窗口截图效果

"截图工具"截取的区域有四种，单击"新建"下拉按钮，可以从下拉列表中选择以下类型：

- 任意格式截图：可以截取围绕对象拖动鼠标绘制的任意形状区域。
- 矩形截图（默认）：可以在对象的周围拖动鼠标截取一个矩形区域。
- 窗口截图：可以截取鼠标选中的窗口或对话框。
- 全屏幕截图：截取整个屏幕。

提示

截取全屏："PrtSc"；截取当前窗口："Alt+PrtSc"组合键

讨论与学习

1. 常见的图形文件格式有哪些？如何在画图软件中进行图片文件格式转换？
2. 在画图软件中如何画出标准的圆和正方形？

巩固与提高

1. 使用截图工具和 "画图" 程序实现窗口局部截图

① 截取 "资源管理器" 的菜单栏，先打开 "资源管理器"，拖动鼠标选取资源管理器菜单栏区域将其截取下来（矩形截图是默认方式，可以不用选择截图类型），效果如图 7-38 所示。

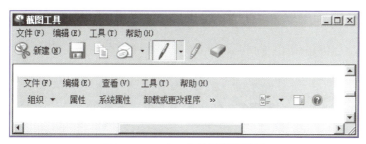

图 7-38　窗口局部截图效果

② 单击 "复制" 按钮，再打开 "画图" 工具，单击 "粘贴" 按钮，将其复制到画图程序中，效果如图 7-39 所示，最后保存文档。

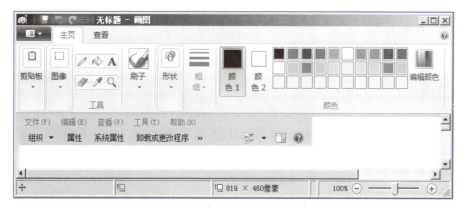

图 7-39　复制到画图程序效果

2. 使用 "画图" 工具制作 "双色文字"

① 单击文字工具，用双色的第一种颜色输入文字，如图 7-40 所示。

彩色世界

图 7-40   输入文字

② 单击直线或曲线工具,用双色的第二种颜色划线作为分割线,如图 7-41所示。

彩色世界

图 7-41   制作分割线

③ 单击"颜色填充"工具,用双色的第二种颜色在线的上面或下面填色,如图 7-42 所示。

彩色世界

图 7-42   填第二种颜色

④ 用放大镜工具把文字放大,再用"橡皮擦"工具把线擦除,双色文字制作完成,效果如图 7-43 所示。

彩色世界

图 7-43   擦除分割线

任务 3   使用"计算器"

"计算器"是 Windows 自带的一个计算工具,精致小巧、功能强大,除了做简单计算外,还能进行单位转换、日期计算、还款计算等,一直得到用户的喜爱。

📋 任务情景

班主任知道小邱的计算机技能很优秀,就把班上成绩统计的事情交给了他,小邱使用 Windows 的"计算器"工具完成了这个工作,班主任给他竖起了大拇指。

 知识准备

1. "计算器"模式

"计算器"有四种模式:标准型、科学型、程序员和统计信息,如图 7-44 所示。

➢ 标准型模式与日常生活中的计算器基本一样,用户不但可以通过单击对应按钮进行计算,而且能够利用键盘上数字键区及组合键来完成计算。

基本算术运算符号有:加(+)、减(−)、乘(*)、除(/)、开方($\sqrt{}$)、百分数(%)、倒数(1/x)等。

➢ 科学型模式,可以计算各种指数、常用函数、双曲线函数、反函数等。

➢ 程序员模式,可以实现二进制、八进制、十进制、十六进制之间的相互转换和按位逻辑运算。

➢ 统计信息模式中加入了许多统计函数,可以完成常见的统计运算。

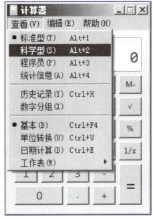

图 7-44 "计算器"模式

2. 常用按钮及功能(见表 7-1)

表 7-1 常见按钮及功能

按钮	组合键	功能
MC	Ctrl+L	清除存储器中的数值
MR	Ctrl+R	将存储器中的数值读到显示框中
MS	Ctrl+M	将显示框中的数值存于存储器中
M+	Ctrl+P	将显示框的数值与存储器中的数据相加并存储
M−	Ctrl+Q	将显示框的数值与存储器中的数据相减并存储
←	Backspace	从后向前删除显示框中运算符后的一个数字字符
C	Esc	清除算式
CE	Delete	清除当前显示的数值

 任务实施

通过"开始"→"所有程序"→"附件"→"计算器",或在"运行"框输入"calc.exe",可以打开"计算器"。

1. 基本运算:5−45/10

计算器打开后,默认是标准型,用鼠标依次选择"5、−、4、5、/、1、0"几个按钮,如图 7-45 所示,单击"="按钮,即可看到结果,如图 7-46 所示。

2. 科学计算:17+(25²*8)

打开计算器,单击"查看"菜单,选择"科学型",用鼠标依次单击"17、+、(、25、x²、*、8、)"

几个按钮,如图 7-47 所示,按下 "=" 按钮后计算出结果,如图 7-48 所示。

图 7-45　基本运算

图 7-46　计算结果

图 7-47　科学计算

图 7-48　计算结果

技能拓展

1. 数值转换

例如,将十进制数 66 分别转换为二进制、八进制、十六进制数。

单击计算器的"查看"菜单,选择"程序员",并确认选择了"基本""十进制"后,输入 66,分别选择"二进制""八进制"和"十六进制",即可将十进制数 66 转换为相应进制数,如图 7-49 所示。

$$(66)_D=(1000010)_B=(102)_O=(42)_H$$

图 7-49 数值转换

2. 统计计算

例如,在汽车 4S 店按揭 1 辆价值 23.5 万元的小轿车,首付款为 10 万元,其他费用采用贷款(年利率 6.14%),如果还款年限为 5 年,试问每月需要还款多少元?

① 单击计算器的"查看"菜单,选择"工作表"→"抵押"。

② 如图 7-50 所示,"选择要计算的值"为"按月付款",输入"采购价""定金""年限""利率"值后,单击"计算"按钮,即可计算出月供约为 3 608 元。

图 7-50 统计计算

 讨论与学习

1. 手机中的"计算器" APP 如何使用?

2. 计算器中"C"和"CE"两个按钮的区别是什么?

巩固与提高

1. 单位换算

1 加仑等于多少升?

单击计算器"查看"菜单,选择"单位转换",选择要转换的单位类型为"体积"、值为"1"、从"加仑(美制)"到"升",即可得到结果为 3.785 411 784 升,如图 7-51 所示。

图 7-51 单位换算

2. 日期计算

今天距离今年高考还有多少天?

单击计算器"查看"菜单,选择"日期计算",选择所需的日期计算为"计算两个日期之差",选择好起止日期,并单击"计算"按钮,即可得到相差的天数,如图 7-52 所示。

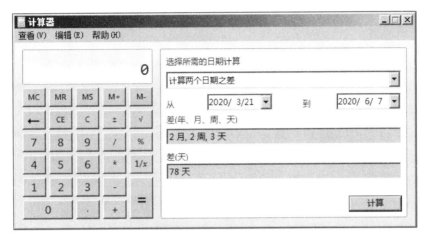

图 7-52　日期计算

单 元 小 结

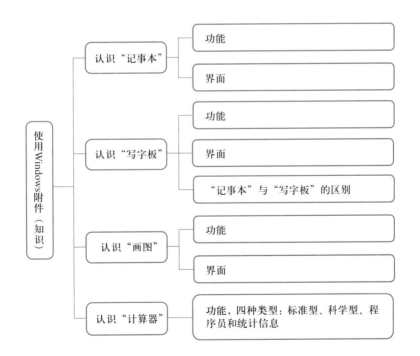

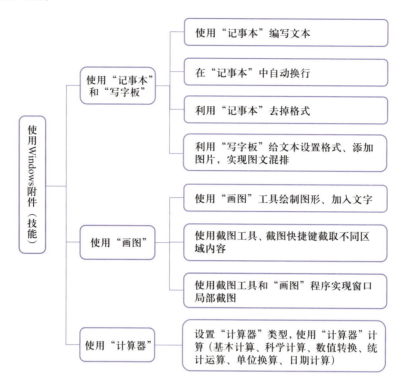

综 合 实 训

一、使用"写字板"

请根据语文课文《荷塘月色》,使用"写字板"写一份图文混排的读后感。

二、使用"画图"工具

学校要开运动会了,请使用"画图"工具,制作一张班级宣传海报。

三、使用"计算器"

用"计算器"计算自己近三次专业课考试总分和每科平均分,分析出自己较有优势的学科。

习题 7

一、填空题

1. 在画图时要给绘制的形状内部添加颜色用_____工具。

2. 在"画图"中使用_____方式可以将绘制好的图设置成桌面背景。

3. "写字板"文件的默认扩展名是_____。

4. 打开"记事本"的命令是_____。

5. 打开"写字板"的命令是_____。

6. 打开"画图"的命令是_____。

7. "计算器"MR 按钮的功能是_____。

8. 用"记事本"的_____功能可以将文本中的所有"5G"两字找出来。

9. "计算器"的"日期计算"功能可以计算_____、_____。

10. "计算器"有_____、_____、_____和_____四种模式。

二、单项选择题

1. 以下方式是"记事本"程序的打开方式的是(   )。

   A. 运行→ calc   B. 运行→ notepad   C. 运行→ write   D. 运行→ cmd

2. "写字板"是一个用于(   )的应用程序。

   A. 图形处理   B. 文字处理   C. 程序处理   D. 信息处理

3. 使用"计算器"进行进制转换,需将计算器模式设为(   )。

   A. 标准型   B. 科学型   C. 程序员   D. 统计信息

4. 在"记事本"中,用户单击(   )菜单的"自动换行"命令,可以实现文本自动换行。

   A. 文件   B. 编辑   C. 格式   D. 查看

5. 下列程序不属于附件的是(   )。

   A. 计算器   B. 记事本   C. 网上邻居   D. 画图

6. 在 Windows 中,"记事本"程序默认的文件类型是(   )。

   A. txt   B. doc   C. htm   D. xml

7. 以下的选项中不是"写字板"的功能的是(   )。

   A. 录入文字   B. 插入声音

   C. 插入图片   D. 插入日期和时间

8. "写字板"的标尺用下列(   )选项卡可以显示。

   A. 查看   B. 主页   C. 显示或隐藏   D. 写字板按钮

9. 截图工具没有的截图方式是(   )。

   A. 窗口截图   B. 任意格式截图   C. 圆形截图   D. 全屏幕截图

10. 以下选项中,"记事本"能编辑的文件是(   )。

   A. rtf   B. html   C. gif   D. doc

三、多项选择题

1. 写字板快速访问工具栏默认包括了(   )按钮。

   A. 保存   B. 撤销

   C. 重做   D. 自定义快速访问工具栏

2. "画图"的选项卡包括了(   )。

   A. 主页   B. 查看   C. 格式   D. 插入

3. "画图"中以下是查看选项卡中的功能的是(   )。

   A. 缩放   B. 显示或隐藏   C. 显示   D. 颜色

4. "记事本"的页面可以设置(   )。

   A. 纸张大小   B. 纸张来源   C. 方向   D. 页眉页脚

5. "记事本"的字符格式有(   )。

A. 字形 B. 字体 C. 大小 D. 效果

6. "记事本"的编辑功能包括( )。

A. 复制 B. 移动 C. 删除 D. 查找

7. "记事本"的特点有( )。

A. 体积小 B. 启动快 C. 占用内存小 D. 容易使用

8. "记事本"可以处理的文件类型是( )。

A. html B. TXT C. GIF D. PNG

9. "写字板"的"字体"组的功能包括( )。

A. 加粗 B. 下划 C. 倾斜 D. 底纹

10. "写字板"的缩进方式有( )。

A. 首行 B. 悬挂 C. 左 D. 右

四、判断题

1. 利用"画图"可以编辑所有类型的图形文件。( )

2. "画图"可以处理动态图形。( )

3. "画图"保存的文件,默认扩展名是 png。( )

4. "画图"可以将图片设置成桌面背景。( )

5. "画图"可以插入文字。( )

6. "记事本"文件的默认扩展名是 html。( )

7. "记事本"有页面设置。( )

8. "记事本"可以设置缩进。( )

9. "写字板"可以调整页面的缩放比例。( )

10. "写字板"可以显示标尺。( )

11. "写字板"的缩进没有悬挂缩进。( )

12. "写字板"可以插入外部文档。( )

13. "计算器"可以处理六十进制的计算。( )

14. "计算器"可以完成三角函数的计算。( )

15. 不可以使用"记事本"创建网页。( )

郑重声明

高等教育出版社依法对本书享有专有出版权。任何未经许可的复制、销售行为均违反《中华人民共和国著作权法》，其行为人将承担相应的民事责任和行政责任；构成犯罪的，将被依法追究刑事责任。为了维护市场秩序，保护读者的合法权益，避免读者误用盗版书造成不良后果，我社将配合行政执法部门和司法机关对违法犯罪的单位和个人进行严厉打击。社会各界人士如发现上述侵权行为，希望及时举报，本社将奖励举报有功人员。

反盗版举报电话　（010）58581999　58582371　58582488
反盗版举报传真　（010）82086060
反盗版举报邮箱　dd@hep.com.cn
通信地址　北京市西城区德外大街4号
　　　　　高等教育出版社法律事务与版权管理部
邮政编码　100120

防伪查询说明

用户购书后刮开封底防伪涂层，利用手机微信等软件扫描二维码，会跳转至防伪查询网页，获得所购图书详细信息。也可将防伪二维码下的20位密码按从左到右、从上到下的顺序发送短信至106695881280，免费查询所购图书真伪。

反盗版短信举报

编辑短信"JB，图书名称，出版社，购买地点"发送至10669588128

防伪客服电话

（010）58582300

学习卡账号使用说明

一、注册/登录

访问http://abook.hep.com.cn/sve，点击"注册"，在注册页面输入用户名、密码及常用的邮箱进行注册。已注册的用户直接输入用户名和密码登录即可进入"我的课程"页面。

二、课程绑定

点击"我的课程"页面右上方"绑定课程"，正确输入教材封底防伪标签上的20位密码，点击"确定"完成课程绑定。

三、访问课程

在"正在学习"列表中选择已绑定的课程，点击"进入课程"即可浏览或下载与本书配套的课程资源。刚绑定的课程请在"申请学习"列表中选择相应课程并点击"进入课程"。

如有账号问题，请发邮件至：4a_admin_zz@pub.hep.cn。